創見文化，智慧的銳眼
www.book4u.com.tw　　www.silkbook.com

創見文化，智慧的銳眼
www.book4u.com.tw　　www.silkbook.com

The successful
leaders' know how.

爬上主管位，
就要這樣準備

老闆不藏私的
54堂**主管先修課**

工作能力 ≠ 管理能力

職涯規劃師 **蔡嫦琪** 著

剛與柔的平衡藝術，
讓自己成長為金牌主管！

　　在全球白熱化的競爭底下，想要出奇制勝引領群雄，菁英式的領導模式，是制勝的關鍵也是不二法門。在職場生涯之中，成為主管是很多上班族的階段性目標，當一個成功的主管必須謹記一件事：沒有所謂的「柔性管理」，也沒有「威權管理」；只有「有效管理」。

　　有效管理講求剛柔並濟，主管要給同仁適度的成長空間，並洞察同仁能力延展的可能性。主管必須同時給予同仁毒與蜜，用智慧來關懷同仁並讓他們知道，要成就非凡必須歷經風雨。

　　主管本身更要化身為灌溉的雨露，讓團隊知道：工作時失敗與挫折只是過程，重要的是不要怕犯錯，不要在同樣的地方犯相同的錯誤！當一個人或團隊不準備犯任何錯誤時，那這個人或者團隊也就迎接不了成功。

　　犯錯是讓你能夠擁有智慧再來一次的禮物，重點是在經歷失敗與挫折後，要如何學習自立與提升。一個稱職的主管應該用這樣的思維策略，去操作自己在威權和柔性的管理分寸，進而引導團隊前進與成長茁壯。

　　通常，「主管」被解讀成只要憑著資歷、人脈，在工作了一定的時間後，就能夠以表象條件得到必然的擢升；因而忽略了成為主管之前，其實有很多內在條件必須做好事前準備。

　　你沒有看錯，當一個稱職主管也是需要事前準備與職前訓練的。一個優秀的主管，不僅僅是在上任之後，必須要帶領團隊走向更好的未來，且應該在上任前，就讓老闆跟同仁看到自己所展現出來的企圖心和智慧。

　　當你還是一名員工時，就應該以主管的角度去思考「自己」、「公

司」、「團隊」的全面願景，方能早先一步全盤考量自己的職場方向，同時養成讓自己擁有值得被擢升的多元能力。

身為主管究竟該具備什麼樣的能力？是對上對下面面俱到？或者是能力超群事必躬親？要成為一個好的主管，並沒有想像中這麼困難，一個卓越的主管，最需要的條件不過就是「清楚」兩個字。

何謂清楚？

清楚公司未來的方向、清楚自己需要什麼樣的團隊人才、清楚如何安排順暢的工作模式，對所有人都有正面幫助、清楚要將自己的位置擺放在什麼地方。

一個主管對於所有人、事、物的定位越清楚明白，越能夠用最適切的方式將人、事、物擺對定位，並妥善處理上級和團隊間的互動關係，將引領團隊替公司開創出不一樣的績效道路。

當一個成功的主管，應該要同時扮演「嚴父」或「慈母」、「老師」的形象，甚至是親切的慈善家，任何角色都要能夠隨時切換。只要能夠讓團隊前進，就算偶爾上台扮演說學逗唱的戲子，必要時扮演威嚴難搞的上司；一切的手段與安排，主管都必須清楚地知道──「這對我的團隊有什麼好處？」唯有擺脫對「形象」、「行為模式」的包袱，你才能真正了解一個主管該如何帶領團隊。

當你清楚團隊的未來性與目的性，你自然就能成功地剛柔並濟，收放自如；因為人的一生沒有經過刁難、聲援、討伐、揉捏，是沒有辦法成為傳奇的。

本書並非制式化地告訴你主管應該做哪些事、管理哪些事；而是要引導你從不同的思維角度觀看，甚至打破你過往對於主管一職的僵化迷思。希望透過本書能讓讀者清楚且全面性地瞭解並看懂，所有卓越主管正在做，並且真正應該知道的事。

要養成一個卓越主管的全觀思維策略，不僅要調整自己的內在，培植諸多正確的習慣外，更要學習能夠透過溝通的路徑，將自己的思想和願景化成團隊眼前的紅蘿蔔，讓所有人都在良性的動力中互求進步。

同時，拿捏好領導團隊的力道，懂得適才適用的智慧，透過理性的約束和感性的理解，去凝聚自己的團隊力量，並一步一步有效率地走向美好夢想，這永遠是主管應該不斷精進的課題。

因此，這本書不但身為主管該學、該熟讀；尚未成為主管的人更該藉此檢視並砥礪自我。這不是一本速成的工具書，它是一本以觀念為地基，引導你改善自己的學習筆記。想要成為一個優秀的主管，並沒有武功祕笈得以速成，我們將告訴你基礎的馬步功夫，回歸基本面，一步一步地讓你接觸成為主管該知道的事。

你做好心理準備，讓自己成為一個卓越的主管了嗎？只要你從簡單的方向下手，輔以時日，你就能夠讓自己在職場和人生中得勝！

Management philosophy

卓越主管四大管理哲學

● 做人要能屈能伸，領導要靈活機動。
● 管理要看清真偽，領導要善用虛實。
● 經營要光明磊落，領導要技法圓融。
● 決策要當下著手，領導要深謀遠慮。

CONTENTS

第一章　**Chapter 01**
卓越主管的幕後策動力

Chapter 02
第二章
戰略化思考的素質養成

Chapter 03
第三章
傑出主管的四方溝通能力

第四章 Chapter **04**
進與退的再生智慧

第五章 **Chapter 05**

剛與柔的火候與尺度

第六章 **Chapter 06**

精準「閱人」的策略

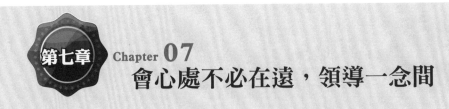

第七章 Chapter 07
會心處不必在遠，領導一念間

附錄 經典表格讓你六六大順

職場生存語錄：
主管之階要戰士才能爬得上去。

在生存的世界裡，「主管」這個職位，在根本上是完全違背人性的事。因為沒有人會願意扮黑臉，也不會有人願意無條件將責任扛負在身上。不過，我要告訴你：當你透過本書學習其中所有揭露的祕訣後，你將能夠輕鬆理解一個優秀的主管，應該如何引導團隊和自己共享雙贏。

在刻版印象中，那些勞心、勞力、犧牲自我的主管，或是嚴峻到不近人情的主管，甚至是那些只懂奉承上級不管下屬死活的主管，都不是一個有智慧的主管該有的樣貌。一個有氣度、有膽識、有才能的主管，要能夠拿捏犧牲和貢獻之間的尺度，在前進的同時讓團隊、公司、自我的實質獲利，內在成長達到平衡。才能稱之為勝任主管之職。

一個卓越的主管看起來應該是何種形象？
是為團隊把屎把尿的老媽子？
還是將團隊呼來喚去的惡魔？

好主管看起來應該怎麼樣的形象，這個問題遠不比「好主管該具備哪些特質」來得重要。

本章節將重整人們對好主管既有印象的表象，讓我們有機會真實地理解，一個優秀的主管，內在應該具備哪些良好習慣和正確心態，方能支撐起團隊堅毅的外殼。接下來你即將學到，身為主管如何養成內在能量，並與外在力量協同，在面對公司和團隊的各方挑戰時，能夠輕鬆、有效率地完成每個階段性任務。

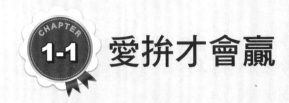

1-1 愛拚才會贏

 職場生存語錄：

工作上沒有解決不了的事，只有解決的方法還沒用對。

宏明一踏進公司，就覺得空氣中瀰漫著不尋常的氣味。

窸窸窣窣的耳語，在他踏進辦公室的瞬間就全面靜止了；當他後腳剛起，一雙雙目光又跟著他的背影直到座位。宏明預感自己大禍臨頭，莫非是上次客戶訂單失誤的事件沒處理好嗎？不是連報告書都交了，BOSS總不會來個秋後算帳吧？

宏明口中的「BOSS」是個年屆六十的超資深主管，三十年來率領業務團隊南北征戰，功績彪炳深得公司上下的信賴，很多時候連董事會都得禮敬他三分。在工作上BOSS深邃的眼神，常讓宏明心生敬畏。上次與客戶溝通出了狀況，雖然擺明是客戶太刁蠻，自己應對也算得宜；BOSS也和自己細談了所有過程與後續處理，表面上應該是過關了才對！可是職場如戰場，誰知道呢？宏明不由自主地在心中胡亂猜測，搞得自己心煩意亂！算了，像現在情況不明的時候，還是先把自己份內的事辦好吧，宏明強自鎮定地告訴自己。

宏明是一家零件貿易商的業務員，年齡三十好幾，在這家公司也工作了五年有餘，這幾年積極的宏明，是替公司打下一些不錯的功績；像三個月前和日本業務談下一筆為期兩年的出口契約。那個時候，宏明還被

BOSS叫進辦公室，拍著他的肩膀說：「表現得不錯」。就算這次出了一些小狀況，應該也不礙事吧？原本還預期自己今後能在這家公司好好發展，但今日的氣氛實在太怪，搞得宏明心裡惴惴不安。

「宏明啊，BOSS找你。」對面的老張，敲敲兩人之間的隔板對宏明說。老張的眼光意味深長，嘴角似笑非笑的，實在讀不出內藏的玄機。

忐忑不安的宏明，拖著沉重的腳步緩慢前行，最後還是得心不甘情不願地敲了BOSS的門。此時，宏明覺得剛吃完的早餐在胃裡翻騰。

「宏明，先找張椅子坐下。」BOSS摘下了老花眼鏡，炯炯有神的雙眼，一點都不像是老人家。宏明連聲稱是，找了張椅子快速坐下；雖然氣壓低得令宏明滿腦子只想趕快離開！但還是不得不試探性地問了一句：「BOSS，您找我有什麼事嗎？」

BOSS清了清嗓子說：「宏明，你對現在的工作還滿意嗎？」

宏明思索著問題的含義，不敢有著絲毫大意，小心斟酌字句的回答：「公司給我們的福利很好，我很滿意。」

「那麼上次的客訴事件，你的感覺是什麼？」BOSS一雙利眼直盯著他，宏明有時候覺得BOSS的蒼老外表只是假象。

果然是為了這件事！宏明心中一緊，強忍著激動情緒，壓抑自己的聲量，盡量慢慢地一個字一個字說：「我承認自己的確是犯了錯，一開始沒有在合約中將物流運費擬訂清楚。只不過，當初在跟客戶溝通時已經說過，運費公司只負擔一小部分，但簽約之後客戶不斷得寸進尺，咬住合約中配合運送的一塊⋯⋯」

「我了解。」BOSS一擺手，止住了宏明繼續說下去！

「宏明，這個事件的緣由，我之前就問過你了，現在我不是在責問

你的對錯過失；況且，這件事後來你也處置得當，上個月我要你繳一份處理報告書，不過是做做樣子，讓客服部對公司的董事會好交差。你不用緊張，現在我單純的只是想詢問，你心裡對這整件事情的感受如何？」

「確實，一開始是不太服氣；不過我很尊重公司的決定。」宏明心虛地回答！事實上，宏明為這件事氣壞了；覺得公司在關鍵時刻並沒有跳出來挺他，所以宏明這幾個星期上班的臉色，實在都不大好看。

「宏明，我就開門見山的說吧！我知道你心裡不服氣，覺得公司似乎沒有在第一時間挺你，還要你在事後跟客戶道歉賠不是；公司雖然沒有做出懲處，但是，你還是被迫寫了一份報告書，所以你的心裡覺得自己承受了雙重委屈。只不過你的這種心態在職場可是已經犯了重罪！」

BOSS往椅背一靠，老神在在地盯著宏明。

一陣尷尬的沉默後，宏明略微發抖地問：「小的敢問罪名是？」宏明想用幽默的方式稍稍化解現場的僵局。

「當個顧影自憐的受害者。」BOSS露出了促狹的笑意。

★ 職場第 01 大罪狀 ★
顧影自憐的委屈受害者心態。

記得我們在電影或小說中看到的受害者形象嗎？往往都是楚楚可憐，受了委屈卻申訴無門；或是手無縛雞之力地任人宰割。受害者通常自認為很誠實與認真，對於工作總是逆來順受，有時候他們甚至覺得自己總是受盡委屈、吃悶虧、被剝削。受害者給人最標準的制式印象就是：一天到晚唉聲嘆氣地說自己的努力沒人看見，不然就是抱怨世界不公不義，好

像全部的人都該抱著他哭一場，或是有人該站出來為他抱不平。而受害者之所以會給人這種可憐、可悲又受委屈的印象，那是因為連他們自己都這樣消極自憐地看待自己。重點是：有受害者心態的人，從來沒回頭檢視，有沒有可能是自己出錯在先？才會造成後續的麻煩產生。

　　宏明頓時覺得自己被搧了一巴掌，企圖微弱地細聲反擊：「BOSS，我了解公司的處理程序與客觀立場；平心而論，的確是我自己先有疏忽，才讓客戶趁隙而覬。程序跟道理我都知道！只不過，有很多個人情緒的問題，很難立刻消化掉⋯⋯」

「熱情」是工作時唯一該有的情緒

　　「但是，這些情緒已經明顯影響到你的工作表現了，不是嗎？」BOSS目光凌厲地回看他。「很多有受害者心態的工作者，往往自覺受了別人不能理解的痛苦與委屈，所以不願意再繼續主動爭取工作的發展空間；顧影自憐地傷心難過，心想不論做得再好再用心，遇事臨頭都會被公司當成犧牲打，索性抱著多一事不如少一事的心態，整日渾渾噩噩在公司混吃等死。不過，你的狀況和他們不同，以你的狀況而言，就是覺得自己受了委屈，被公司對不起，那就乾脆散漫一陣子，吐吐心中怨氣。」

　　宏明覺得自己被眼前這位長輩看得一清二楚，無話可說，只好低頭默認，真想找個地洞鑽進去。

　　「宏明，我當主管三十三年了，再半年我就要退休了，你知道為什麼公司選擇我帶領業務部嗎？因為，我從來沒有受害者心態。」不知道是不是錯覺，有那麼一瞬間，宏明好似看見BOSS的目光，展露了一絲柔和與溫暖。

如果你是老闆，你會希望看到一位主管做起事來心不甘情不願，一副被倒債的臉色嗎？這樣的人，做起事來只會毫無衝勁，並希望事情永遠不要落在自己身上，他們已經自覺被迫害得很可憐了，更不會主動找事來迫害自己。

企業需要的是一個有幹勁、有動力、能夠承攬事情、有能力執行任務到底的人來當主管。當主管面對各種事情與狀況時，若總是覺得麻煩都是團隊、公司和客戶製造的，那他就沒有辦法在各個事件中學習成長，更別說能妥善處理危機。因為，這樣的人已經被自己「顧影自憐的受害者心態」盲目了雙眼，完全看不到自己的問題，只看得見他人的問題與對自己的不公。

「我……」宏明似乎覺得是該為自己抗辯的時候，BOSS又做了個制止的手勢，「先等我講完。」

或許，你會想：誰能夠真正全心全意地無私投入工作？說到底，我們大家都只是想餬口飯吃。如果你是抱著這樣的想法在工作，那麼你不僅是搞不清楚狀況，而且是註定只能當個繼續被工作迫害的基層員工。

要知道，每個人做一份工作，除了餬口飯吃，更重要的是從中找到往上攀升的契機。職高權重等於生活品質的保障，許多人願意付出任何代價往管理階層爬升，都是為了日後，能夠擁有更好的人生選擇「錢」。

如果你今天一邊做著「我想發大財升高官」的白日夢，卻又懷著「我被工作迫害」的心態度日，那麼無疑是自打嘴巴，妄想天下有白吃的午餐。有著這樣的雙重矛盾心態，你也只能在被工作迫害的感受中自憐地渡過餘生了。

宏明聽完BOSS的一番話如遭雷殛，痛苦地說不出話來，BOSS卻還是不肯放過自己，叨叨的聲音還在耳邊嗡嗡響起。

「你知道嗎？傑克・威爾許（Jack Welch）曾經說過：『把自己當成受害者，絕不會有好下場，這種態度會斷送前途，你的職涯前景註定要黯淡無光。』」

傑克・威爾許是商界裡傳奇中的傳奇人物，在他的領導任內，奇異電子公司（General Electric，簡稱GE）的市值最高暴漲四千億美元，成為美國商界的一段佳話，他也因而被《財星》雜誌評選為「二十世紀最佳經理人」。傑克・威爾許不斷強調：只要你願意，辦法一定要比困難多；如果你遇到問題時，最先想到的是「困難」而非「辦法」，那就表示你已經慣性地被自己的負面心態困住。

要成為一個卓越的主管，首先必須先從根本的健康心態架構起心念，那就是：沒有人能逼迫我做任何選擇，這份工作是我自己選擇的，所以我願意、我樂意、我想要做好它，因為這是我為自己所做的選擇。

BOSS的 私房筆記

- ◆ 挑錯無法協助團隊做對事。
- ◆ 領導團隊把事情做對還不夠，一開始就要做對的事。
- ◆ 情緒管控的速度，相對於成功的速度。
- ◆ 被害者心態將成功退拒於門外。
- ◆ 沒有任何人可以懲罰你，只有你自己可以。

1-2 能力不是問題，心態才是關鍵

 職場生存語錄：

會覺得工作「困難」，是因為你還不夠用功。

很多人無法坐穩主管位，成為卓越的主管，並不是出於能力的問題，而是出於心態的設定錯誤。因為，這些人認為「工作」只不過是圖溫飽的工具，不需要投注過多深刻的熱情在工作上。這樣的心態，往往讓自己的心神隨時飄忽且不易專注於工作；什麼事都只做六十分，要說不及格倒也不會，頂多是差強人意，大錯不出，但是，想要讓老闆激賞、團隊信任，卻還有很大一段的距離。

可能你聽了這番言論後，心中正義正嚴詞地大聲反駁：人生不應該是只為了工作，人生應該要為了自己而活！假使你抱持著這樣的觀點，那你又犯了對工作的第二個誤解。

★ 職場第 **02** 大罪狀 ★

工作上所有的付出，都是在為公司打拚。

宏明有點膽怯地抬起頭來：「所以？BOSS你對工作的態度是？」

BOSS露出難得的微笑：「你問我，在工作上這麼努力是為什麼，如

果我回答：『是因為希望能夠為公司盡一份心力。』你肯定會想衝出門口罵我是個老騙子！沒有人會專注做盡一切，只是為了公司的前景發展與成長茁壯；因為，說穿了公司的願景干我何事？

每一個人在職場上的努力與奮鬥，包括我在內，都是為了讓自己與家人擁有更好的生活品質、更好的事業成就、更多的未來保障，不管是從員工到老闆，都是如此的心態。所以，樂於工作的人，並不是因為真的把公司願景當成自己的使命，而是因為他們懂得讓自己的人生規劃和公司的利益相結合，他們是在為自己的荷包與前途打拚，只不過同時幫了公司一個大忙。

你不用將自己變成聖人，好像非得為公司盡忠地拋頭顱、灑熱血才叫稱職。你應該很清楚地告訴自己，你所做的一切努力，都是為了自己的將來而不是為了別人。假使，你告訴自己，我今天做的工作是因為公司交辦，那麼你將難以提起幹勁，甚至可能痛不欲生。然而，如果你告訴自己的是，我今天所做的工作將會是業務獎金的來源，是下一個假期的旅遊準備金，能換來孩子收到期待已久禮物時那臉上的笑容……，那麼你將會對努力後所帶來的實質報酬、或是對公司未來發展的可能性，時時感到充滿希望、幹勁跟熱情。」

BOSS敲了敲手上的眼鏡：「你要以積極正向的態度跟想法，去取代受害者的自憐心態。『積極正向』四個字，並非大眾想得那麼清高；因為，人都是需要回報的生物，你可以把它想成：積極正向的態度，等同於老闆賞識的加薪升職。積極正向的態度，等同於未來生活的保障。如果你不想要這些附加的價值，那麼就是你自願放棄能讓人生更好的可能性，屆時一事無成，也怨不了別人。」

「我了解了。」宏明帶著似懂非懂的表情，他大致理解BOSS的這一

番話，只不過還不太明白他這麼做的用意。

「宏明，我不是為了責怪你，才把你叫進來，而是因為可惜你被困在受害者心態中沒有抽離，白白浪費自己的才能，希望你能回去好好想清楚，這對你未來的前途發展會有很大的幫助。」BOSS語氣平淡地說。

「我知道了，BOSS，我會回去仔細想清楚的，非常謝謝BOSS，那麼我就先回去工作了。」宏明方要起身離開，BOSS又開口了。

「我才說完第一件事呢！別急，你下午的業務行程安排，我已經幫你託業務部處理了，接下來你還得忍受我這個老頭子多一點時間。」

BOSS的
私房筆記

◆ 以積極正向的態度和想法，取代受害者的自憐心態。

◆ 對於選擇的工作，抱持我願意、我樂意、我要做好它的心態。

◆ 主管必須有幹勁、有動力能夠承攬事情、有能力將工作執行到底。在職涯發展上，能力的強弱並非決勝的關鍵；積極的正向心態，能助你面對未來，釐清問題與挑戰的真相。

1-3 職場發展快捷鍵

職場生存語錄：
「卓越」的細節，能讓基本變成「出色」。

宏明覺得此時自己臉上的表情，一定像是被狠狠揍過三拳，只不過BOSS仍是一副雲淡風輕，也只好耐住自己想奪門而出的衝動，硬是把屁股放回椅子上。

「別緊張，最壞的事情已經過去了。」BOSS帶著笑說。但是宏明心裡才不這麼想，這不過是上級的一貫說詞。眼看BOSS愜意地斟滿了一壺茶，心想接下來是場長期的抗戰。

「看你一副忐忑不安的樣子，為免除你揣測我這隻老狐狸的心事，我就直說了：先跟你說聲恭喜！公司計畫培訓你成為業務部主管，這是我和公司董事會進行三個禮拜的討論結果。接下來我會利用退休前半年的時間，將你培訓成一個足以擔當大任的主管。」BOSS淺嚐了一口茶，似乎味道太澀，他的眉頭皺了一下。不過宏明沒注意，因為此時他張大了嘴巴，卻一句話都吭不出來。

「當初，公司問我推薦誰接任主管的位子，我毫不猶豫地就推舉了你。這五年中我仔細觀察過你，雖然你有一些小毛病……好吧！是不少毛病；但是大體上，你算很有能力，也很肯學習，只不過尚欠缺正確觀念的教育，我相信只要經過一些塑型訓練，你可以做得很好。」BOSS向宏明

做了一個闔嘴的手勢，又重新躺回椅背，擺出意味深遠的淺笑，像是欣賞滑稽表演般地看著宏明。

宏明並沒有收到BOSS要他把嘴閉上的提醒，他心中甚至強烈懷疑，這會不會是BOSS開除他之前，先鬧著他玩的玩笑？這突如其來的消息和中大樂透一樣，不只是讓人開心，反而是讓人震驚的比例還高出很多。

「BOSS，我很感激你跟公司的美意與栽培。」宏明的臉上寫滿了疑惑。「不過，成為主管這件事，雖然我不是沒期望過，但這麼突如其然，現在我的腦子還來不及反應啊。」

「那麼，你最好現在開始深切思考這件事，如果你讓我有一丁點的機會顏面盡失，我立刻會重新考慮提舉主管的人選。」BOSS皺著眉，倒掉剛斟好的茶，宏明立即明白BOSS是認真的。

「我了解。」在震驚過後，宏明心中感到些許興奮，「只不過事情太突然了，我確實沒想到，這麼快會發生在我身上。」

「那麼你期望是什麼時候，三年後、五年後、看運氣？」BOSS問。

「我想，我還沒有考慮到這一步。」宏明坦誠以對。

BOSS瞇起了眼看著宏明，宏明不確定BOSS只是因為老花，還是有什麼玄機不想讓他看到。

「宏明，從現在起，我會一步一步地告訴你，你該思考的問題在哪裡，哪些地方可以再做得更對，需要補強的能力又是什麼，遇到事情該用何種解決方法會更好、更適切，以便將你的身心調整到最佳上任的狀態。你剛剛回答我的問題，證明了你有一個很大的毛病，而這個毛病已經讓你犯了職場重罪，你可知道？」

★ 職場第 03 大罪狀 ★
沒人告訴我該怎麼做。

宏明倒吸了一口氣：「請BOSS直說。」

「這個罪名就是：沒有人告訴我該怎麼做！」BOSS字字清晰，宏明的手心直冒汗。

「我從一個簡單的例子開始。」BOSS轉了轉桌上的地球儀，宏明始終搞不清楚，為什麼地球儀這東西會在業務主管的桌上？

「當今天我們決定要去旅行時，總有些事情得先決定；像是旅行地點和旅行時間，對吧。為什麼要先做好這些決定？相信連三歲小孩都知道，當你連要去哪裡、何時要去都不知道的時候，你如何開始計畫？又怎能啟程去旅行？

相信你也遇過凡事不做計畫的人，他們只會喊著：『我不知道該做些什麼安排？該怎麼選擇交通工具？要怎麼上網查看景點介紹？如何著手預約住宿旅館？煩惱該帶泳褲或者是厚外套？』但是，如果對旅行目的地毫無概念，就根本連怎麼策劃都不知道，頂多只能隨口嚷嚷「我想要出門玩」。這樣的人，通常什麼也沒辦法做到，即使最後做到了，也可能是把行程安排得一團糟。」

BOSS突然把手指向宏明，宏明覺得室內的空調瞬間上升了五度。「這就是你現在的狀況。」BOSS臉色不變，眼神卻像是利劍般向宏明眼前掃過。

* * *

阿爾伯特・哈伯德說：「為什麼要花這麼多時間來編織藉口呢？其

實你用來編織藉口的時間，就足夠解決問題，也就不需要什麼藉口了。」因此，你應該將自己的注意點專注在積極尋找改變現狀的方法上。

「沒有人告訴我該怎麼做！」是一個冠冕堂皇的藉口，擺出一副自己很無辜的樣子，以為就能把責任推得一乾二淨，這也暗示著，你不想改變自己，沒有改變就沒有進步，也就導致了你的平庸。事實上，一名優秀的員工應該具有積極主動的精神，不能像算盤珠子，需要人撥動一下，才動一下。

積極主動，最能突顯優秀員工與普通員工之間的差異。主動性，展現在一個人有獨立思考的能力，能盡力且獨立完成公司所交辦的工作，過程中如遇到一些問題及阻礙時，能夠想主管所想，主動多做一些，用高標準來要求自己，這樣你在老闆眼中，還能不亮眼，不被提拔嗎？

BOSS的 私房筆記

◆ 成功總在無預警的情況下降臨，唯有隨時做好準備的人能享受。

◆ 成功的重點不在於你現在會不會，在於你要不要。

◆ 敢想，世界就會為你開出一條康莊大道。

◆ 沒有人能告訴你，你該去哪裡。

◆ 成功永遠在你放棄後的那一秒到來。

◆ 人生最遺憾的不是你沒有能力完成自己想做的事；而是你有能力，卻不敢勇敢挺身奮戰。

◆ 不要當那有翅膀，卻無法飛翔的鴻鳥。

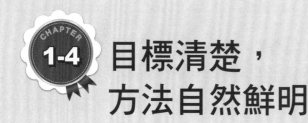

1-4 目標清楚，方法自然鮮明

 職場生存語錄：

批評是薄弱的，參與方能厚實。

　　一個人做事的先後順序，也就決定了這個人的前途發展。工作中的次序安排，往往決定了這個人的辦事成效。辦事有效率的人，與辦事不力的人，差別很簡單，就在於他們有沒有看清楚「目標」是什麼。

　　蘋果電腦公司（Apple Computer, Inc）的創辦人賈伯斯（Steve Jobs）曾經被蘋果電腦公司開除，後來當他被重新請回蘋果電腦擔任執行長時，此時的蘋果電腦公司正面臨倒閉危機，希望借重賈伯斯的能力來挽救財務赤字。

　　賈伯斯從答應回到蘋果電腦的那一刻開始，**就很清楚自己的目標——讓公司轉虧為盈**。於是他做出了石破天驚的決定，將許多開發中的產品喊停，只專心製作僅僅四種型號的個人化電腦以及筆記型電腦。

　　那個時候，其他同業競爭對手推出了各式產品，以種類繁多的電腦攻佔市場，蘋果電腦的高層，原本也想要效法這波趨勢潮流，賈伯斯卻斷然拒絕這麼做！賈伯斯的理由簡單卻充滿力量——現在的蘋果電腦公司既然沒有足夠的資本承擔風險，那我們就選擇專注地只做自己最擅長的；唯有如此，公司才能真正節約成本有效開源，並確保產品品質優異且具備吸引力。

聰明的人知道一次只做一件事情

事實證明，因為賈伯斯對於結果目標的清楚，讓他對公司內部的人員和研發產品做了有效刪減，使公司不但精簡了人事成本及產品研發的支出，全公司上下更齊心專注於投入設計出風靡世界的產品，打造獨特的個人化商品、精緻美觀的——iMac；商品甫一上市便得到市場廣大迴響，不但讓蘋果公司免於倒閉危機，也再次打出響了蘋果公司的市場名號。如果，賈伯斯沒有搞清楚，讓公司「擺脫負債」是首要目標，他或許不會刪減非必要的支出，也可能遵照公司原本的計畫推出產品，此舉絕對無法讓蘋果電腦從頹勢中站起。

現在，讓我們再回到旅行的例子，目標清楚的人會先思考：此次的旅行，是要選擇到馬爾地夫進行五天四夜的海濱夢幻之旅，或者是到九份輕鬆逍遙遊，進行兩天一夜的老街巡禮。因為不同的旅行目標，將會形成不同的花費與安排、耗掉不一樣的時間成本。

用膝蓋想都能明白，去一趟馬爾地夫需要比去九份更長遠的計畫，也需要更多的資金投入，所以必須更謹慎、更長遠地做好前期策劃；甚至連準備的旅遊資金、期待的心情都會有很大的不同。相同的道理放諸職場也是一樣。就像當初賈伯斯重整蘋果電腦公司，因為他的旅程目標是讓蘋果電腦公司「起死回生，轉虧為盈」；這個任務非常艱鉅，因為當時的蘋果電腦內部弊病叢生，所以賈伯斯勢必得從人員編制、產品規劃、行銷安排等等各方面下手，絕對不可能單就「改良產品」、「加強行銷」幾個簡單步驟就能達到目標。

同理可證，當你今天是以自立門戶為未來目標，你一定得要開始累積相當的創業資金、豐富的業務行銷經驗，以及擁有龐大的人脈系統，才有辦法拓展公司的所有績效營運。當你已經確定「自立門戶」是你旅程的

目的地，所以你從現在開始，一定會仔細評估發生的每一個狀況，也會努力建設自己的人脈網絡，並且讓自己隨時吸收多元的創業建議。

又或者你今天的目標小一點，只希望能夠做到晉升公司的管理階層，那麼你就可以先把資金需求這個項目，在你的目標必備清單中剔除。就像我們計畫要去九份旅遊，可以把機票錢從資金需求表中劃掉一樣。因為你無需操心這件事，你只需在公司好好表現，讓上級賞識你、團隊支持你，並且努力做出令公司和團隊加分的貢獻，你就能達到自己設定的職涯目標。

BOSS語重心長地對宏明說：「從我們今天開始談話到現在，若是你留心注意聽到的每一句話，就會發現——實踐事情最有效率的方式，就是把『目標』訂出來，然後往前推演，就能夠精準推估，一開始有什麼是你該立刻去做的，哪些部分又是該提前準備好的；哪些事情是有必要逐步的安排與規劃，而哪些事情做了也只是白費力氣。也就是說，如果你想要在公司往上爬，認知裡就不應該出現『這不在我目前的預期內』、『沒有人跟我說該怎麼做』等等的答案。任何升遷、加薪、計畫目標等等，應該早就在你的規劃之中，只不過是達成時間早晚略有差異罷了。」

宏明聽完BOSS的一席話心裡懊悔不已，自己怎麼沒能回答出標準答案！而BOSS則像直逼而來的血滴子，犀利地繼續接著說：「這道理聽起來似乎淺顯易懂，然而在職場中，真正能實踐做到的人少之又少，起碼在我的眼中，在這辦公室中無頭蒼蠅滿天飛。」

BOSS的
私房筆記

◆ 一個人做事的順序，就決定了他的前途發展。

◆ 工作中的次序安排，往往決定了這個人的辦事成效。

◆ 實踐事情最有效率的方式，就是把「目標」訂出來。

◆ 做事沒有清楚的目的性，一切的行為都只是瞎搞。

◆ 所有成功都是靠自己「想、做」出來的；不是靠別人告訴你。

◆ 一名稱職的主管必須能區分出哪些事是該做的，哪些事是必須立
　 即完成；哪些事是可以直接刪除不做的。

◆ 聰明的主管知道如何用80％的時間，完成100％的工作。

1-5 效率是盯出來的

 職場生存語錄：
卓越不是超越對手，而是越過對手的標準，然後超越自己。

在職場上有很多人，自以為清楚「今天的工作目標」是什麼，每天一進公司就馬不停蹄地開始處理眼前瑣碎繁雜的事務；乒乒乓乓就這樣忙碌了一整天，有時候甚至忙得連水都沒能好好喝一口。但是，到了一天的結束該到下班時間了，你問他今天倒底做了些什麼事情，他可能想了半天也說不出個所以然來。

許多人在工作時，感覺做了很多事情；然而，實際上這些人所做的每一件事情，很可能根本對自己的有效「工作目標」完全沒有幫助。為什麼呢？因為這些人可能連自己的「工作目標」是什麼都搞不清楚，他們唯一的清楚「目標」，就是「準時下班」。

身為一個主管，不可能把「準時下班」訂為今天的工作目標。就像我方才和你談過，我從來不當自己是個被工作迫害的受害者，我很清楚自己在短期內要達成什麼目標，三年內要達成什麼目標，我在退休前要達成什麼目標。由於我對於自己設定的短、中、長期的工作目標都很清楚，所以我每一天的工作進度目標也很清楚，而且我每一天所做的每一件事情，都是為了向未來的夢想更邁進一步。

要成功，就要看清楚，循序漸進達到目標

記住，清楚工作目標是非常重要的，唯有先想清楚你要達到什麼「結果」，你才能不被干擾地釐清自己現階段的規劃正不正確。就好比總不能你明明計畫是去一趟九份，卻先把錢花在買機票上；聽起來很荒謬，卻是職場上的無頭蒼蠅最常犯下的毛病，明明想要富足的生活，卻幹盡讓自己工作效能一落千丈的蠢事。

一個人的職場規劃，必須從每一個大目標環環相扣到你的日常例行工作。當你的大目標是清楚的，每一天做的事情就會很有重心，因為你很清楚自己所做的每一件事，都是循序漸進，一步一步地往前完成未來的工作願景。

相信你一定知道金庸這號人物，他不但是武俠小說的一代宗師，更是香港《明報》的創辦人。有一本記述金庸的傳記曾提過：當《明報》還處於艱困的草創時期，本名查良鏞的金庸為了培養固定讀者，將自家報紙當作武俠小說的連載平台，因為娛樂小說類的文章，最能吸引讀者目光。但這樣還不夠，因為《明報》畢竟是屬於正規媒體，所以針砭時事、評論政治議題的社論也少不了。

目標清楚，該做的事情一目瞭然

為了兼顧話題性和專業性，金庸「左手寫社評、右手寫小說」，為自己創辦的報紙提供了源源不絕的優秀文章。這樣的文字產量十分驚人，更不用說，要經營一間報社有多少繁瑣的事情得處理；然而，金庸的文章卻始終富含豐沛的思想和深度，你知道為什麼嗎？

因為在經營報社及撰稿之餘，每個晚上金庸都會固定閱讀四到五個小時的書，舉凡報章雜誌、古書正史都是閱讀範疇。唯有如此，他才能確保自己寫小說時，文化歷史的素材能取之不盡；寫社論時，評論的視野不會太過偏狹。金庸愛閱讀不僅僅是因為興趣，也是因為他很清楚，這些知識養份一定會反映在自己的文字上，而文字是他用來筆戰群豪的武器，即使再忙再累也不能輕易放下。要「讓報紙賣錢」，就必須有「好的文章」；要有「好的文章」，就必須「隨時學習」，因為目標清楚，所以每天該做的事情也一目瞭然。

當你的大目標不清楚，反推下來，你每一天在做什麼也不會說得清楚，只能不斷地瞎忙；因此，做起事來看在別人眼中就是手忙腳亂，搞不清楚你「在忙什麼」。金庸在創報時異常艱苦，但是他卻忙得很有「目標」，他很清楚希望想要達成的「結果」為何，而這樣地忙碌才能稱得上效率而非空轉。

相對的，你在工作上處理任何事情前，也可以運用「結果論」的方式來推演策略。例如，你今天想要談成一筆生意，你就可以依照你希望達成的目標，去反推自己應該準備哪些資料，可以輔佐哪些資訊和客戶溝通分析；甚至可以進而設想，如果自己是客戶，你會希望對方提供什麼資料等等，你可以依據自己期望的結果，來安排整個會談的順序與鋪陳。簡言之：你必須先清楚預設自己希望與客戶達成何種共識，然後你才有辦法拿捏該施幾分力氣，準備適切的資料與客戶交流。

有很多人抱著且戰且走的心態在工作，甚至抱著聽天由命的心情在混日子；用「力」得像頭牛一樣的工作，卻不懂得用「心」安排工作。說穿了，就是不知道「結論反推」的重要性，辦事成效才會忽高忽低；只能靠老天給的幸運混口飯吃，無法讓自己的表現達到穩定均質。

　　這樣，你可明白了「訂定目標」、「反推步驟」的重要性了吧？BOSS說完了長長一段話，將視線重新投回宏明身上。

　　宏明現在的表情陷入了思考，BOSS很滿意這些話讓他陷入了思索。看了看手中的錶，BOSS大手一揮：「我也該繼續工作了。宏明，回去好好深切地想想，有任何問題，再來找我談一談。」宏明回過神來，發現BOSS臉上帶著常見的爽朗笑容。

　　「我快退休了，閒著等人與我談天說地。」BOSS哈哈一笑，宏明覺得剛剛嚴肅的對話好像是一場夢。「那麼BOSS，我會好好想想的，如果有問題，我會再與你做討論。」

　　宏明起身開門，把門帶上前，BOSS突然問了一句：「宏明，你知不知道我退休前最後一個計畫是什麼？」宏明聳了聳肩，搖搖頭，做出一副天曉得的表情。

　　「就是你。」BOSS朝宏明笑了笑，眨了眨眼，重新戴回老花眼鏡，回到眼前的績效表上。

＊ ＊ ＊

　　一個成功的職業人生，絕不是在「盲人摸象」中造就的，更不能指望會有「天上掉下來的禮物」；而是朝著正確的目標，一步步努力的結果。針對目標這一點，我們來看看你是屬於哪一類的人：

1. 任由自己在海裡隨波漂流，漂到哪裡算哪裡。

2. 撐起了一面帆，知道利用風改變航向，也許能漂到哪個島上，然後在那裡過一輩子。

3. 他不僅懂得揚帆，更知道用槳奮力划水，縱然辛苦，但只有這樣的人才能到達成功的彼岸。

　　沒有目標所造成的最大弊病就是「被動感」和「無助感」。有沒有目標，有沒有執行力，決定你一生能走多高多遠。當你屈從於命運，隨波逐流，所有的一切只會一成不變，一個心中有目標的上班族，有可能成為創造歷史的人，一個心中沒有目標的人，就只能是個普通的職員。所以，要早早為自己訂出踏實的職涯目標，當你制定的目標越清晰，成功離你也就越來越近。

BOSS的私房筆記

◆ 只會喊著「我好想做些什麼的人」，通常最後是什麼也沒做到。

◆ 一個人做事的順序，就決定了自己的前途與發展。

◆ 實踐事情最有效率的方式，是把「工作目標」訂出來，然後計畫如何達到，讓每一天所做的事情，都向未來的夢想更邁進一步。

◆ 想清楚要達到何種「結果」，才能看清楚自己的規劃正不正確。

◆ 訂立目標不是用來限制自己，而是用來修正前進的步伐。

◆ 多聽、多看、多學，才能讓自己有多元的能力，足以面對各種突發狀況。

1-6 要事為先，無縫對接

 職場生存語錄：

有時避開競爭，是到達目標最快的捷徑。

聽著老婆沉沉的呼吸聲，宏明卻怎麼樣也睡不著。

對於BOSS今日提到自己在職場上的種種毛病，BOSS的身影不斷在腦海翻轉。沒有錯，有些問題確實苦惱了自己很久！只是沒想到，原來這些BOSS都看在眼裡。一直以來，有很多在職場上的困擾，也不可能和同事直說，宏明也只能透過和朋友聊天時推敲可行的解決之道。

然而，工作問題是一回事，真正讓宏明煩惱的是BOSS所說的「主管培訓」事件。在走出BOSS的辦公室後，小劉這個管不住嘴巴的同事就湊過來先道賀：「恭喜、恭喜，聽說被內定為繼任主管啦。之後可要多照顧啊！」整個下午，辦公室偶爾會丟來幾句玩笑話，但宏明心裡清楚得很，坐在對面的老張，硬是繃著一張老臉完全沒有出聲。

先前一直傳聞老張在晉升主管名單內。論年資，老張六年的資歷也算是自己的前輩；論能力，兩人業績不相上下，然而辦事效率，老張可是比自己強多了！結果，卻是被自己的晚輩踩在頭上，也難怪老張要暗自生悶了。雖然宏明心裡多少是有些得意；但是，一想到今後都得在大家眼皮底下做事，壓力可不好受！尤其是面對老張。

上帝對每個人都是不公平的，這點宏明很清楚。可是，上帝在時間的分配上，對每個人都是公平的，再有能力的人一天也只有二十四小時。那麼問題來了：同樣二十四小時，為什麼有些人一頭瞎忙，但是能夠端上枱面的成品卻是少之又少，有的人看來好整以暇，偏偏就是能夠交出讓人滿意的成績？

宏明很清楚，老張的辦事效率就是比自己強，同樣多的事情，老張做起來總是輕鬆寫意，起碼看起來是這樣。而自己到底哪裡出了問題呢？抱著種種疑惑，宏明翻來覆去在床上煎了整晚的魚，毫無睡意。

★ 職場第 04 大罪狀 ★
做事不辨輕重緩急。

第二天當宏明將周報表拿進主管辦公室時，BOSS正把昨日那包過瀘的茶葉扔進垃圾筒。「人老了，走味的茶都喝不入口」，BOSS一手接過報表，直切重點問道：「怎麼樣，昨天的事想清楚了嗎？」聽來像是個問題，口吻卻很篤定。

「是的，我想清楚了。謝謝BOSS給我機會，我會努力達成您的期望，這是我思考一個晚上後的決定，我會對這項交託徹底負責的。」宏明同樣以篤定的眼神望向BOSS，希望自己看起來信心堅定。

「很好。」BOSS盯著宏明的眼睛，「不過，你似乎有別的問題？」BOSS瞥了一眼報表，示意宏明坐下，於是宏明便將昨夜困擾自己許久的疑惑提了出來。

「BOSS，那我就單刀直入地問，我做事的效率是出了什麼問題

嗎？」宏明儘量保持聲調的穩定，希望讓自己的提問聽起來不卑不亢。

「嗯……」BOSS沉吟了一會兒，「這確實是你的問題，我也開門見山的說：宏明啊，是非，常，嚴，重的問題。」

宏明吁了口氣，雖然自己已經有迎接砲火的準備，還是沒想到BOSS的攻勢會這麼迅速斃命。

「你的能力其實並不輸老張，之所以結果會效率不彰，是因為你犯了不辨輕重緩急的職場重罪。」BOSS平靜地望著宏明。

＊　＊　＊

關於效率這件事，如果你做事沒有計畫，你肯定不會成為一個工作有效率的人。工作效率的核心關鍵是——你對工作是如何計畫的，而不是你工作時如何地努力。

凡取得卓越成績的員工，其辦事的效率都非常高。這是因為他們能夠利用有限的時間，高效率地完成至關重要的工作。任何工作都有主次之分，如果不分主次地平均使力，在時間上就是一種浪費。所以，在關鍵部位，在主要工作上，我們要用全部精力，將其做到最好。

德國詩人歌德曾說：「重要之事，絕不可受芝麻綠豆小事的牽絆。」想要工作有效率，不管做什麼，都要從全局的角度來規劃，不能想到什麼就做什麼，而將事情分出輕重緩急，將大目標分成若干個小目標，並始終把這個計畫放在心上，時時檢示，堅持「要事第一」的做事原則，久而久之就會培養起「先做最重要的事」的好習慣。

任何工作都有輕重緩急之分。只有分清哪些是最重要的並把它做好，你的工作才會變得井井有條，卓有成效。

BOSS的
私房筆記

◆ 效率不彰是因為你不知道輕重緩急。

◆ 別人的速度與你無關，管好自己、修正自己才是該注意的關鍵。

◆ 避免流於按部就班的思考邏輯。

◆ 做錯，別怕重頭開始；做事，別扯自己後腿。

「拖延」是盜取時間的竊賊

 職場生存語錄：
「理解」與「思考」是最昂貴的，因為這兩者是無法被取代。

「處理事情的「效率」是決定成敗的重大關鍵。掌控時間效能，能夠讓你的工作表現更亮眼，得到的機會也會比別人多。通常一件事情交給老張，他只需半天時間便能辦妥，你卻需要花上兩天，誰的表現機會多，我應該不用多說。」BOSS一針見血地說出他的觀察。

宏明瞬間覺得自己像是洩了氣的皮球，在BOSS面前自己總有一種顯得渺小的感覺。

「別太氣餒！」BOSS似乎看出了宏明的洩氣。「如何讓自己的效率大增，就看你有沒有掌握『要事為先』」的重點，只要明辨這一點，上級不賞識你都難。」

「要事為先」聽起來天經地義，重要的事優先處理，你會想：這誰不知道呢？對吧。

然而，很多人並沒有完全理解「要事為先」，背後真正的意涵。

「大家都知道，公司裡該做、要做的事情百百種；當文件一份份地堆到桌上，再冷靜自持的人有時都會容易亂了套。」BOSS對著桌上成疊的資料擺了擺手，除了宏明方才拿來的週續效報告書，還有這個月針對客

戶擬定的合約、合作企劃案、跨部門間的會議紀錄。電腦螢幕裡，顯示著每週例會的簡報檔。「我還得提醒你，我偶爾還有幾場臨時的會議得出席。」BOSS詼諧地自嘲道，宏明用餘光看見桌上的行事曆，裡頭密密麻麻地寫滿藍、黑色的字跡。

「多數人只要事一雜、一多，就會容易思緒混亂，看到什麼工作就先做什麼，廝殺完一件是一件；可是，我和其他人不同的地方，在於我會先思考一下，這成堆成山的工作中，有哪些是與公司績效有直接關係的，這個部分我會優先處理，而有哪些是該認真釐清並調整的，哪幾項工作只需要簡單帶過即可。

工作效率，並不單單是指你在時間之內，完成了多少的工作量；而是你在有限的時間之內，產出了多少效用最大的『工作效能』。宏明，這就是你要學習的最大課題。」宏明當下覺得自己心裡，似乎有個膿包被針狠狠地刺破了。

一個聰明的工作者，在面對一拖拉庫未完成的工作時，要能夠看到工作的「輕重等級之別」。也就是說：你必須分辨得出哪些事情對公司的獲益性、重要性最高？又有哪些事情最有迫切性、即時性？當你能夠區分出這些事情的先後順序時，你才能夠把握要事為先的原則，不僅懂得優先處理，還能夠針對它的重要程度，給予相同等級的付出。

🗂 產量是階段工作，產能才是績效

陶晶瑩是大家都熟悉的知名藝人，她不但是節目主持人，同時也是一位妻子、母親，更是知名網站「姊妹淘」的老闆。娛樂圈的節目製作曠日費時，有許多環節需要溝通，常常得耗費整天的時間枯等。每個人一天

同樣只有二十四小時，身兼多職的她，要如何在被切割得零碎的時間內把事情處理好？答案很簡單，那就是「要事為先」。

陶晶瑩說，她常在節目錄影空檔和公司的組員開會，只是短短的半小時，她不可能過問所有的事情；所以，她學習到「要事為先」的處理法，只處理關鍵性的幾件事，並授權、訓練工作夥伴自行判斷，授權一些事情讓他們可以自行解決。常常有時候，時間只允許她撥出一通電話，她就會在這通電話中處理非她不可的事。她說：正因為分身乏術，做人做事更要學會區分輕重緩急，才能在工作、生活和家庭之中取得平衡點。

讓我們回到公司內部，你試想看看，假若一個人一天內完成了兩件專案進度，有一件是完全針對公司業務急需的報告，另一件是事關公司未來轉型的合作企劃案；而另一個人一天完成了十件進度，卻有七件是整理一點也不急的合約文件，另外三件是開發幾個可有可無的客戶，這兩個人在公司的心目中，哪一個人的地位會高一點呢？想必是前者吧。因為他完全掌握了「要事為先」的工作精髓：第一時間處理跟公司盈利有關的案件，並針對公司的需求火力全開，這是主管必備的基礎思維。

「宏明。」突如其來的一聲，將宏明從自省思緒中拉回辦公室。「接下來你即將要成為一個主管，首先你就要學習搞清楚，明辨要事為先的能力，對主管是很重要的技能。總歸來說，假如你缺乏辨別事務輕重緩急的能力，就算當了主管也只會拖累團隊。」BOSS嚴肅地說。

★ 職場第 **05** 大罪狀 ★
小心時間均分的謬論。

在有限的時間中，如果有十件需要處理的事情，一般人的思維是均

分時間在這十件事情上；然而，一個優秀的主管，絕對不會讓自己與團隊，落入「均分」時間的謬論中。

一個卓越主管的心中，必須有一套去蕪存菁的事務審查模式，第一時間就能夠替團隊分辨何為要事，何為瑣事；進而引導團隊著重處理能夠為公司帶來高收益、或是擁有即時貢獻的事情。當一個主管，處事態度如果還是來一個殺一個，來一百殺一百，最後只會讓團隊力竭而亡，犯下職場重罪無能翻身。

「辨別輕重緩急的智慧，就是將有限時間，拿來投注最有價值產能的工作項目，這才是一個卓越主管的功力所在！」BOSS的嘴角微微揚起，這似乎是宏明第一次在公司中，看到BOSS志得意滿的表情。

BOSS的 私房筆記

◆ 處理事情的「效率」是決定工作成敗的重大關鍵。

◆ 掌控時間效率，能讓你的工作表現更為亮眼，得到的機會也比別人多。

◆ 時間效率，是指你在一定的時間之內，產出了多少「效用最大」的工作效能。

◆ 要讓自己的效率大增，就一定要掌握「要事為先」的重點。

◆ 在面對一堆未完成的工作時，要能夠看到工作的「等級之別」。

◆ 辨別輕重緩急的智慧，是將有限的時間，拿來投注最有價值產能的工作項目。

獨贏的迷思——
別執著於個人表現

 職場生存語錄：
使用謀略必須謹慎小心，懷著仁義之心踏穩每一步。

　　宏明似乎能夠理解BOSS所說的一切，好比老張懂得做事先挑重點；不像自己，老是把所有事情一把抓。說到底，是自己太過憑直覺行事，不懂得先用邏輯去判斷事情的輕重，心裡想的就是要把每一件事情做完。可是，了解了這一切，並沒有完全解開宏明心中的謎底。

　　「BOSS，既然你明知老張做事效率比我高，為什麼你跟董事會最後決定的選擇是我？而不是老張？」宏明覺得問這個問題很困窘，但他需要知道答案是什麼。

　　BOSS沉默地拿起擺在桌上的拭鏡布，仔細擦起戴了十餘年的玳瑁眼鏡。此時，宏明驚覺自己似乎碰觸了某些敏感議題。

　　「有些事，以你現在的立場並不適合知道。」BOSS沒把視線從眼鏡移開，繼續緩緩說道：「只不過，你有你的問題，老張有老張的問題；兩相權衡之下，我和公司都覺得目前你是適合的主管人選。」

　　「BOSS！我並不是想越權打探；只不過，我需要知道自己被挑選的原因。或許，這會讓我肯定自己的競爭優勢吧。」不知哪來的勇氣，宏明將話一古腦兒地全部脫口而出。

BOSS做了一個停止的手勢：「我只能告訴你，老張的性格有其缺口，或許也該藉此給你個機會教育。」

「老張也有錯……？」宏明懷疑，在BOSS眼中有誰是清白之身。

★ 職場第06大罪狀 ★
妄想當獨贏的自私鬼。

「老張犯的錯，是對自己的表現太過於執著。在職場上，這樣自掃門前雪的心態已經犯了重罪：當個獨贏的自私鬼。講直白點，就是太自私！眼中除了自己的績效，沒有別人了。」BOSS盡量讓聲音平靜，不帶批評的情緒，但這個理由卻開啟宏明更多疑竇。

「我了解你要問什麼，容我說明一下。」BOSS總算放下手中的眼鏡，回到平時端正的坐姿，就像宏明對BOSS在會議中的印象：俐落、穩重而且精神抖擻。

💼 沒有群星拱月，月亮不過是個不太亮的球體

「回到我們談話的開場，詢問一下自己，為什麼你要做這份工作？」BOSS先問了這句。

宏明思索昨日的對話：「為了讓自己的明天更好。不過，BOSS你剛剛卻說，老張的問題是太過自私，這不是互相矛盾嗎？」

「沒錯，你發現了問題癥結。」BOSS點了點頭。

　　「我告訴過你，為自己工作是天經地義，很多人也這麼相信。可惜的是，人們將此精神理解成：為了往高處爬，一定得技壓群雄，無時無刻把個人利益放在最前頭，管好自己才是最要緊的。」

　　「嗯……如果工作是為了自己，這個理論看起來應該要成立。」宏明皺起了眉頭，又覺得有些不妥。「只不過，在職場上很多時候不能只求自己的利益，而得顧全大局才行，不是應該這樣嗎？不是有句名言說：『幫助別人往上爬，會爬得更高。』我是這樣想的，如果你幫助一個孩子爬上了果樹，那麼，你因此也會得到自己想要品嚐的果實，而且你關心幫助的人越多，你能嚐到的果實就越多。」

　　「沒有錯」！BOSS彈了彈手指「這就是我看中你的一個原因，因為你會時時刻刻想到大局。」宏明在BOSS臉上看見了和煦的笑容，他以前沒有發現，這個長輩時常流露有別年齡的真摯微笑。

　　「很多人認為，要在職場成功，非得讓自己在團隊和公司中鋒芒畢露，但我覺得那都是自私心態在作祟。」BOSS以輕鬆的口吻說著。

BOSS的 私房筆記

◆ 沒有眾星拱月，月亮不過是個不太亮的星球。

◆ 團隊當中沒有個人主義。

◆ 自掃門前雪，只會讓你陷入進退兩難。

◆ 團隊表現比個人表現的總和要大許多。

只有獨贏的成功，經不起時間的考驗

職場生存語錄：

冷靜來自於強悍的心智；嚴以律己，才能看出對手居心叵測。

一個人再厲害，頂到天最多就是成就了自己；若是他無法將光芒與團隊共享，這樣的才能在團隊中就算毫無用處。會抱持著這種視自私得利為理所當然的人，是因為他們搞不清楚，團隊要的是集體共榮、利益分享；團隊運作沒有所謂的個人英雄主義，工作的效率不是讓自己逞英雄、享受被崇拜的快樂工具。

「三十三年來，我身為一個主管，從沒想過搶功、邀功，或是希望全公司的目光都要在自己身上。」BOSS的聲音帶著一股空靈與淡定，好像他不是統領業務部三十餘年的主管，而是一個深山裡的得道隱士。

「我寧可大家注意到的是我的『成功團隊』，賞識團隊的績效成果；因為團隊的成功，那才是我真正的大成功。這樣的領導心態，也幫我省掉不必要的麻煩。」

獨贏是經不起跟蹌的成功

獨享的勝利通常高處不勝寒，當你的勝利沒有與團隊共享，你所遭

受的嫉妒眼光就越多。如果你抱著獨善其身的心態，勢必會在一個跟蹌時，就被別人踩著往上爬，如同你對待別人的一樣。

「我在這裡必須要明白地告訴你：想要當一個成功的主管，不，應該說其實不論是什麼職位，為自己工作絕對沒錯；重點是，在你獲得的利益之中，有沒有留一份雅量去成就他人，這就至關重大了。」想到數十年的職場見聞，BOSS的嘴角禁不住揚起狡黠的笑意。

有些攻於心計的主管，總是會在團隊連續熬夜趕出了一份企劃後，自己搶先一步在背地裡和上級吹噓，說自己幾週下來是多麼辛苦地打拚，才能生出這份心血結晶，至於團隊的辛勞卻一句不提。也有一些諉過喜功的主管，只要上級稍一抨擊，立刻跳出戰場畫清界線，將所有責任推到團隊身上：「因為誰誰誰疏於緊盯進度，才會讓整場活動失敗。」

主管的搶功或卸責，都是出於自私的念頭——好處我要佔，黑鍋給別人揹。他們希望自己的履歷有輝煌成績，至於團隊的死活，全然不放心上。

只不過，不論你信不信，老闆和團隊的眼睛是雪亮的。看似無人知曉的職場腹黑學，就算你表面做得天衣無縫，時間總是會在適當的時機揭開你的真面目，在職場上稍一不慎，只會替自己帶來眾叛親離的惡果。

「老張的問題，他自己很清楚，我也看得很明白，你用不著知道。你只需記得，不要以為自私自利，沒有人知道，大多數人只是隱忍不發，然而這些事情，日後都會影響到你在職場的評價。」BOSS堅定地說出這段話，宏明又感到一身冷汗，怎麼BOSS總是語出驚人？

讓所有人得到被滿足的快樂

「宏明，你要記住：主管在爭取利益時，千萬不可忘了留一杯羹給背後辛苦的團隊。主管必須有這個體悟，職場中從來沒有個人的成功，只有團隊成就的佳話，少了哪一個人都萬萬不可。

當今天公司交付你一個辦活動的任務，你一個人辦得成嗎？結論一定是不可能的！假如今天不是因為A鍥而不捨地聯繫外賓，整場活動怎麼能夠熱鬧成功？如果不是因為B的企劃案寫得好，怎麼又能吸引廠商的贊助？若是少了C的強力宣傳，活動怎麼能夠被消費者和媒體注意？

主管需要被上級肯定，相對地，團隊也希望自己的努力被看見。一個主管應該要體貼到團隊的心情，讓團隊成員也能有出鋒頭的機會，這是一個優秀主管該有的雅量。

石油大王洛克菲勒寫給兒子的三十八封信裡，記錄了他白手起家的致富心得，其中一項就是：『把部屬放在第一位。』洛克菲勒提到，當一個上位者只懂得將自我利益放在首要考量，註定將成為失敗者，因為如果只是一味地需索卻不懂付出，只會讓自己樹敵無數並被貼上『唯利是從』的標籤。此外，部屬都需要被肯定，肯定的力量能激發團隊發揮潛力。

洛克菲勒將他一輩子的體悟寫進給兒子的信中，裡頭寫的不是商業操縱的機關巧妙，卻是這件耳熟能詳的待人道理，這位出身貧寒的石油鉅子，非常了解團隊支援對成功的重要性。

如果一個主管將自身的利益放在最前頭，勢必會在很多利我的情況下，做出有違公司、團隊最大利益的抉擇。這樣的行為或許能暫時滿足自己，但是這樣的成功的背後，卻帶來高度的風險；一不小心，就會落得千夫所指。日日夜夜還得擔負著雙面人的面具，隨時得要害怕自己侵吞公

司、團隊權益的事情被披露。無論如何計算，終究是得不償失。」

雙贏思維才是王道

「所以，我應該要把握……共享成就的原則，將團隊和公司的利益放在己身利益之前囉？」宏明小心地詢問。

「只對了一半。沒有誰的利益在誰之前的問題，而要雙方同時受益，唯一能讓團隊齊心協力，一起成長的方式，唯有雙贏一途。」BOSS堅定含笑地回答。

所謂雙贏，就是讓所有人得到被滿足的快樂，它不見得能夠帶來實質獲益，卻能夠讓所有人安心舒坦，覺得努力有了回報、有人肯定。有一句俗話說得好：「可以貧老闆，也要富員工。」這句話完全道盡了利益共享的雙贏智慧與概念。

為什麼？我們都知道只要公司在正常營運的狀況下，就算老闆資金再怎麼吃緊，都不可能比員工賺得少，所以當老闆的希望員工能火力全開，對工作全力以赴時，就必須提供員工一個可以安心發展、看得見未來的場域；讓員工知道所有的努力終將轉換為真實的回饋，讓團隊的夥伴都感覺到自己是「富有」的，這樣才會有動力繼續為公司、為團隊打拚努力。

回過頭來說，掌管一個團隊或部門的主管，就像是團隊的小老闆，唯有當團隊感覺到主管是為他們真心著想，努力為他們的利益搏拚，他們才會反過來願意為主管、為團隊賣命。因為他們知道自己的努力都能被看見，而雙贏不過就是這麼簡單的道理而已。

優秀的主管，絕對不會把利益緊緊掐在自己手上；當你的團隊能夠感受到「公司的利潤就是我的利潤、主管的成就就是我的成就」時，這個團隊自然願意傾力協助你登上高位，因為他們了解自己也能雞犬升天。

雙贏思維，並沒有要你放棄掉自己的利益，而是要你在自己的利益空間，拉大一塊能與他人共享的區域。忘掉「我」，而要以「我們」為團隊出發點，也就是說「我們的成功」遠比「我的成功」更省時、更遼闊。

「宏明，你要記得，現在我所說的事情，是不論你升上主管後，或是未來在任何職位上，都應該謹記這些觀念。當你願意為同事、為公司、為上級多付出一點體貼，你會發現最後獲利的還是自己。並且，你會過得更為坦然和快樂。」

宏明點了點頭，自己方才也在腦海裡思考了一下自己和老張的不同。確實，在公司裡老張總是獨來獨往，對同事有時冷漠了點；自己則是很願意替公司同事分擔一些份外工作。只不過他覺得不宜再多問這些他人隱私，便起身告辭。

「這個星期六有空嗎？」BOSS抬眼開始細看宏明送進來的績效表，一邊問道。

「啊……目前沒有事情。」宏明有點受寵若驚地回答。

「來我家泡杯茶，我們也該開始進入正題了。」BOSS抬頭微笑。「別擔心，我家的茶要比辦公室的好多了。」

BOSS的
私房筆記

◆ 一個人再厲害，最多就是成就一個人。

◆ 主管在爭取利益時，千萬不可忘了留一杯羹給背後辛苦的團隊。

◆ 抱著獨善其身的心態，勢必會在一個踉蹌時被別人踩著往上爬。

◆ 職場中從來沒有個人的成功，只有團隊成就的佳話。

◆ 「我們的成功」遠比「我的成功」更省時、更遼闊。

◆ 在生存的法則中，犧牲了誰的利益都不對，唯有雙贏才是長久的
共存和諧。

◆ 卓越的主管都深深明白只有團隊的榮耀才能歷久不衰。

 人有遠慮方能遠行，
學無止境

 職場生存語錄：

別再當一個封閉的專業白痴。

　　BOSS的家，是新店山上一帶的透天厝，靠近山林，外型簡單、古樸，甚至有一點點鄉土的懷舊感，和宏明想像中的差異很大。

　　原本宏明以為，BOSS應該住在信義區一帶，以現代感、高生活機能為號召的科技高樓大廈中，沒想到BOSS生活這麼簡樸。站在屋前往遠方眺望，還可以看到不遠處的山林與湖光，卻又離熱鬧的碧潭有一小段距離，遊客找不上門。鬧中取靜，眼光獨到的世外地段，宏明心裡好生羨慕，心中也更佩服BOSS的遠見。

　　宏明看了看手裡的水果禮盒，頓時覺得自己的選擇過於俗套，暗自懊悔不已。造訪前雖然考慮過送茶葉，但BOSS是出了名的講究，只怕關公面前耍大刀，最終還是選擇了安全牌。BOSS的兩個兒子都早已自立門戶，現在應該只剩BOSS和太太兩個人住在這裡，懷著惴惴不安的心情，宏明按了門鈴。

　　「歡迎歡迎，應該不難找吧。」BOSS一身休閒打扮，將宏明迎進了客廳。BOSS的太太熱情地端了整套茶具出來招待，幾句寒暄後就出門了，臨走前還笑咪咪地再三交代：「別拘束，就當自己家吧。」

　　宏明不好意思地忙亂了一陣之後，才有空定眼看看客廳擺設。偌大的落地窗旁，是兩排櫻桃木書櫃，裡頭擺滿了書；不光是企業管理、行銷策略，還包括心理、文學小說、科普雜誌等等書籍。客廳的牆上還掛著一幅書法，蒼勁的字跡提著「學無止境」四個大字，宏明留意到，落款人正是BOSS的名字。

　　「牆上那幅書法，是我在四十餘歲時，體悟的人生道理。」BOSS將一杯茶遞到宏明面前，「是真正體悟，不是只有知道而已。」

　　「BOSS，你真是博學，你書架上的書，我應該這輩子都看不完。」宏明由衷欽佩地說。

　　「怠於學習又妄自菲薄，罪加一等。」BOSS聞了聞茶香，淺嚐了一口。宏明已經逐漸習慣，BOSS總是把自己身上的毛病，當作不除不快的犯罪行為。

　　「宏明，」BOSS直直地望著自己，「我們都知道，讓自己習得更多知識或技能，是在職場上攀頂的不二法門。這個道理太理所當然了，以致於很多人都以為自己已做好了足夠準備。

　　有句老話說：隔行如隔山。不同領域的人，都有自己獨一無二的專業，而不同職位也存在這樣的差異。」

　　「是的。」宏明點頭回答，「就像我，想了這麼多天，仍然不清楚主管應該做些什麼。」

　　「沒錯。」BOSS說。

★ 職場第 **07** 大罪狀 ★
當一個封閉的專業白痴，跨部門的流程我不需要知道。

當我們在職場上搏鬥，常常只求精深一項特殊的專長，把全副心力都投注在工作上，卻總是忘記抬頭看看周遭的同事在幹什麼，公司發展到什麼狀況，外頭的世界又變得怎麼樣了。

不可思議吧？然而，許多人拋不開這樣的盲點；他們總會哀嘆，自己明明很努力工作，但是到頭來卻因為「墨守成規」而跟不上公司腳步。職場上，這樣的消極心態，已經犯了職場上的重罪──「當一個封閉的專業白痴，跨部門的流程我不需要知道」。

職場上有很多人，除了自己的工作內容，對於公司其他部門的業務、對廠商、客戶的了解、時代的變化趨勢，以及對商業改革的敏感度都嚴重欠缺。如果你想晉升主管職，就更不能犯下這個毛病。

台積電創辦人張忠謀，曾在一場演講中指出，領導者絕對要是全才，只對自己的領域瞭若指掌，在舊時代或許會被稱之為「專業」人士；現在，若還是只對單一領域下工夫，是完全無法在資訊發達的現代立足。

在該場演講中，張忠謀和台大學生分享了他與中國歷史學家史景遷先生的談話，他們曾在某次機緣下，交換彼此對乾隆盛世的觀點，正好佐證了「涉獵領域狹隘」是領導者一大危機。

張忠謀認為乾隆是個有才情的人，懂詩也懂書法，對當時的社會來說，擁有這樣的皇帝已經難能可貴，但偏偏清朝缺乏國際觀，始終以「天朝」自居，抗拒和世界接軌；致使中國在軍事科技上已落後西方世界一大截，民主政治的思想也因為「父權子繼」的觀念無法發芽，致使乾隆盛世終究只是曇花一現。

因為乾隆國際觀的不足，沒有掌握時代變化和世界局勢，最終才讓中國和歐美的落差日益擴大，造成不可挽救的後果。

你想想看，或許乾隆認為自己只需要揮筆作詩就能治理天下；事實上，歷史、國際局勢、經濟、貿易、文化等等環節，都是對外協商需求的。如果乾隆懂得關心西方日新月異的發展，願意花點時間了解國際局勢的轉變，或許歷史就會重新改寫，而乾隆也不會變成一個封閉在「天朝」心態的掌權者。

「宏明，你現在所犯下的職場重罪，就是只懂埋頭苦幹，像一個封閉的『專業白痴』！」BOSS說。

一個卓越的主管不需要全能；然而一個卓越的主管必須有「全觀」的能力與視野。身為主管若沒有綜觀全局的能力時，是無法有效率地領導團隊達成目標使命的；甚至有時會因為主管的思維狹隘，而讓團隊運作效率不彰，士氣低落。

當你能用更寬廣的心去觀看全貌時，你會發現，很多事情比你想像中容易許多。

＊ ＊ ＊

學習是終生的事情，一個人要想在競爭激烈的職場上站穩腳步，就必須不斷地學習，不斷提升自己的能力，否則，就可能被列入公司的裁員名單中。

你可以把工作視為學習的過程，不斷提升自己的專業能力，多多涉獵與本業相關的知識，以符合公司或個人職涯發展的需要，例如：如果你是主管倚重的左右手，就要多學習管理職方面的技巧；如果你是技術人員，就要關注業界最新的技術成果。

　　成大事者都是勤於自省的，因為反省的過程就是總結和學習的過程，在職場上你要不斷地總結與學習，才能一天天進步，你可以常常問自己一個問題：「我要如何做才能提高工作效率？」然後將總結出來的成功經驗、失敗經驗，分門別類地整理好。

　　簡單的事情，誰都可以做到。能夠做事的人比比皆是，但是真正能夠堅持下來的卻少之又少，所以，這個世界上成功的人總是少數。現在的競爭不再只是知識和專業技能的競爭而是學習能力的競爭，人們在學習的過程中能增長新知識，掌握新技能，進而使一個人的思想和觀念不斷地進化，所以仔細觀察你會發現，那些越成功的人其實越重視學習。

BOSS的 私房筆記

◆ 隔行如隔山。不同領域的人，都有自己獨一無二的專業，而不同職位也存在這樣的差異。

◆ 專注於工作，留心周遭的變化，順應潮流的趨勢；是卓越主管的必修功課。

◆ 世界從來不會丟下任何人，是你將自己與世界隔絕。

◆ 尋找即時向量，找出機會點發揮。

◆ 當面對事情時，靠得太近，容易讓自己少了全面的觀察；保持適當的距離，你會更容易看到解決的方法。

◆ 明確地了解他人，是對人的極大敬意。

1-11 橫看成嶺側成峰，多視角的學習

 職場生存語錄：

以數據分析和知識規畫做直覺的後援。

「我的太太，是一個職業婦女，」BOSS望著落地窗外的風景，用一派輕鬆的口吻說，「她快六十歲，在郵局上了三十年的班。年輕的時候，電腦沒這麼發達，她只需要用制式的電子系統，操作簡單的管理介面，就能夠處理帳戶問題。這不需要高深的知識，操作幾次就能夠上手。

二十幾年過去了，她從原本的窗口服務，爬升到了局長的位置，近幾年來她卻發現，原本熟悉的工作似乎沒有這麼容易了。

近十年來世界變化得很快。在以前，紙本信件是郵局的大宗業務；可是，現在只要mail一開，就能透過收發郵件，即時互換訊息。如今，郵務變得不再單純，市場上有許多宅配、到府取貨的競爭廠商，來勢洶洶地想要瓜分派郵大餅；郵局沒有辦法再像以前一樣獨佔市場，為求生存只好開發其他營運方式，甚至開始販售產品，以求能夠補貼營收與創造營收。」

不斷更新求生存

「升上管理階級後，我太太突然發現，有很多她連想都沒想過的技能，需要重新學習與使用。以前，我們的世代完全用不到電腦、網路、系統分析，現在的她卻必須要從頭開始學會使用這一切；如果，她不能使用網路，她將和最新的郵政電子網站脫節，如果她無法善用電腦，她就無法製作Excel報表。

以前她連IE是什麼東西都搞不清楚，滑鼠右鍵和左鍵的差別也不了解；打開奇摩首頁，看到一堆堆的文字區塊，她實在無法理解，這個世代的年輕人，究竟如何憑這一片複雜的頁面，去滿足日常生活的一切需求？

在她升上管理階層前，這些東西她連名字也記不太清楚，彷彿來自另一個次元。現在她卻必須強迫自己趕上進度。」

「幸好，她成功了。」BOSS臉上露出微笑。「很多人遇到和我太太一樣的問題，以為升職不過是挑戰高一層的薪資；萬萬沒想到，升上管理職首先得要迎戰的，是與世界脫節的自己，和不斷變遷的世界脈動。」

舊有經驗再多也沒有用，吸收新知才能迎戰世界，因為世界的運作方式已經變得超乎想像的快速。若是透過網絡的傳輸，從地球的一端將訊息送出，只需要0.8秒的時間，就能在地球另一端接收到。

「宏明，你真的還年輕，你可能不能理解，這種被潮流丟下的感受。然而，我要告訴你的真相是：『世界從來沒有將誰丟下，是你將自己停留在原地』。BOSS嚴肅地看著宏明。

「我太太在公家機關服務，靠考試就能贏得升職機會；可是，如果在私人企業呢？一個老闆，會讓員工當上主管後，再開始學習做主管嗎？或是容忍一個員工完全跟不上世界的潮流與脈動？」

　　一個優秀的主管，往往不是在晉升管理階級之後再學習如何當主管，而是預先透過學習，不斷提升自我，在機會來臨前就先壯大自己，才能夠在機會降臨時，有健壯的臂膀去扛住機會。

　　一個好主管，會在成為主管前就先讓自己具備主管的能力及高度，他會用主管的眼光去看世界，以公司經營的角度去評價環境，因此，他才能知道自己有哪些問題需要補強跟解決。

最有成效的學習是帶領團隊共同學習

　　如果一個主管，連學習、成長，都是抱著被動的心態，等待著有人會強迫你成長，那你怎麼有辦法期待，底下的團隊能夠在自己的帶領下日新月異呢？

　　圓山飯店的總經理嚴長壽不曾上過大學，但他卻以平凡的學歷，在二十八歲時當上美國運通的總經理，三十二歲成為亞都飯店總裁，進入圓山飯店後更讓一蹶不振的業績起死回生；很少人知道，這位看來優秀的嚴總經理，當年在退伍半年後卻遲遲找不到工作，第一份工作還是由同事介紹進美國運通當送貨小弟，偶爾還得幫忙打掃辦公室。

　　提起這段過去，嚴長壽坦承在接下工作時內心非常煎熬，他並不是覺得工作內容低下，而是和自己的同學在同一間辦公室內，對方從事的是位階較高的工作，自己卻得彎腰去清理垃圾筒，這不禁讓嚴長壽深切地思考，自己是不是有很多能力需要加強？想要扭轉頹勢，就要認清自己的不足。

　　當時的嚴長壽並沒有讓自己消沉太久，他告訴自己：「即使只是清理垃圾，也可以從中學到東西。」於是，他開始留心觀察許多工作上的細

節；有的同事下班時間到了，事情卻做不完，嚴長壽甚至會自告奮勇地說：「只要你肯教我，我會全力幫你完成工作。」

於是，在辦公室中，嚴長壽幾乎成為了所有同事的「機動派遣員」，人人都樂於將一部分的工作分擔給他。嚴長壽也因而天天忙碌到晚上十點多才下班，但是嚴長壽卻樂此不疲，因為他知道，自己僅僅是一個打雜的人員，卻有機會學習美國運通內部的所有工作，這不是每個人都能夠擁有的機緣。

也就是這個起心動念的省思與決心，嚴長壽才有機會在無意間，被美國運通的老闆發現到他，因而有機會開始了一連串改變人生的非凡機遇。你要說這是他的運氣嗎？我會說天賜的好「運氣」，只會發生在努力學習的人身上；如果嚴長壽沒有透過學習讓自己的能力足以擔當重任，即使受到再多人賞識也是枉然。

同理可證，一個主管努力提升自己的能力，也才能為團隊開創更多的機會，別忘了，主管除了要自我更新，也應該引領團隊與你一同成長。記得吧？我之前曾和你提及雙贏的概念，**正因為團隊的成功將造就主管的成功，主管更應該讓自己維持在超前的思維，才能看到用什麼樣的佈局去安排團隊，規劃未來。**

「我了解，還是一句老話，機會是留給準備好的人，必須要隨時保持學習，讓自己跟上局勢變化。唯有當自己準備好了，才能夠帶領團隊向上提升。」宏明覺得肩上有一股重量，每一次BOSS的話，總是讓他再三質疑自己的能耐。自己真的準備好了嗎？

宏明的疑惑尚未解答，BOSS帶著睿智的微笑點了點頭。

「一個主管的內在素質是很重要的，如果你還是對自己存有疑問，我接下來就是要告訴你，我選擇你為繼任者的原因。」

BOSS的

私房筆記

◆ 在機會來臨前就先壯大自己,才能夠在機會降臨時,有健壯臂膀扛住機會。

◆ 除了經驗,還要結合新知才能產生更大的智慧。

◆ 在成為主管前就先讓自己具備主管的能力。

◆ 機會是給準備好的人,必須要隨時學習,讓自己跟上局勢變化。

◆ 讓自己維持在超前的思維,才能看到用什麼佈局去安排團隊、規劃未來。

◆ 主管除了要自我更新,也應該引領團隊與你一同成長。

1-12 良心的聲音，
聽見它別蓋過它

職場生存語錄：

只要你的行為符合正道，前途將永遠是一片光明。

「這幾天我告訴你的，都是一個主管必須擁有的質素，有一些可以靠培養與訓練，而有一些卻是天性問題。」BOSS起身，將落地窗的玻璃拉開。一陣微風迎面送來，午後的陽光灑落一地金光，BOSS的臉上帶著滿足的從容。

「宏明，」BOSS瞇著眼睛享受日光洗禮，宏明看著他的背影，不知怎麼，覺得BOSS那一七〇公分的身子，看起來卻很巨大與耀眼。「你目前雖然有很多能力需要被補強，但是，你的本質性格中，擁有很多珍貴的因子，而那不見得是別人能擁有的，這是你的珍寶，別忘了。」

「BOSS這一誇，我還真的是不知道自己的優點在哪裡？」宏明搔了搔頭。

「心好、真誠、正直」BOSS轉過頭來微笑道，「這些都是難能可貴的珍寶」。

宏明笑了：「BOSS，我還真不知道當主管需要是個善人。」

BOSS沒有立即回答，反而信步走回座位，重新沏起一壺茶。宏明這才注意到，BOSS沏茶的每一個步驟都優雅講究、絲毫不馬虎，舉手投足

有別於平常的俐落幹練，起落之間是如此的淡然若定。

「當然，」BOSS又斟了一碗茶湯給宏明，「光只是善人一個，是無法成為好主管的；優秀的主管還必須是個有手段的善人。相對的，一個有手段卻總是昧著良心做事的主管，卻只會害死整個團隊。」

BOSS的眼中似乎閃爍著光芒，但他的聲音仍然不疾不徐：「在職場上最嚴重的罪狀，莫過於粉飾太平，當個泯滅良心的騙子。」

★ 職場第08大罪狀 ★
沒有人在江湖身不由己這種事。

許多身在高位的人，在職場打滾久了，看慣爭權奪利的場面，習以為常冷眼地看待人性醜惡的一面；於是乎，很多身在高位的人，便習慣以人在江湖的口吻催眠自己：職場如叢林戰場，有很多生存黑暗面的潛規則，必須踩踏別人才能往上爬，人人都這麼做了，我也不過是從善如流，怎麼也算不上是罪過。尤其是上位者，很容易因為卡在眾多勢力的交鋒點而面臨抉擇，即使心中明知這麼做不對，但出於種種考量而選擇隱忍不發，只求能夠渡過現狀。

大多數人選擇安慰自己──別人都這麼做，我只是跟別人一樣，又有什麼關係？舉例來說：今天你佔了客戶一些便宜，對方不知道，那麼就是這次你賺到了；如果下一個客戶發現，頂多是失去一個客戶，損失也不算大。或者是：一個主管明知道團隊受到的待遇不合理，明擺著被壓榨，卻睜一隻眼閉一隻眼，只要沒人有反抗情緒，就當沒這回事。

「職場上確實存在這些無可奈何的事。」宏明嘆了口氣，「我也在

思考，很多的狀態已積非成是，如果日後成為部門主管，我又該如何面對與調整因應？」

「這確實需要大智慧，」BOSS點頭，「我只能告訴你，主管是為了帶領團隊而存在，身分不只敏感還很多元，因此做出正確的決定是很重要的。如果發現了問題，不管是多小的問題，修正的時間要越快越好。」

因為沒有在第一時間處理好問題，往往會形成隱性的滾輪效應，一而再、再而三的錯誤，會讓人性薄弱的良知逐漸麻痺，進而整個團隊都會跟著道德操守被淹沒的主管，持續將錯誤的事情執行到底。

以剛剛的例子來說，如果只是失去一個客戶或許不算什麼；可是，如果這個客戶對外大聲宣揚公司的醜事，事情鬧大了，公司的商譽該如何補償？如果團隊受到委屈，主管卻假裝看不見，優秀的人才怎麼會願意留在你的團隊中，忍受一個縮頭烏龜帶領自己在職場上打拚？

把事情做對還不夠，一開始就該做對的事

如果主管沒有勇氣和智慧在第一時間止血，只會讓團隊受傷的傷口越來越深。與其在事情不可收拾後才悔不當初，倒不如從一開始就打開自己的耳朵，聽見心底良知的聲音，不要深陷泥沼還執迷不悟。

「很多人都會辯駁說：有時候有違道德界線的灰階決策，往往都是時勢所逼非自我本意，但是在我聽來不過是一些可譏的藉口。」BOSS發出了幾聲冷笑，搖了搖頭，「對就是對，錯就是錯，哪有什麼難以決斷的？」

記得之前的塑化劑事件吧！為了壓低成本提高獲利，原料商昧著良

心製作低成本的致癌起雲劑販售；更有一些廠商，在事發之後哭天搶地，強調自己也是受害者。只不過，一般起雲劑的價格，進貨的食品廠商會不知道嗎？進貨時沒有覺得價格低得離奇嗎？可是，他們選擇不去傾聽內心懷疑的聲音，寧可睜一隻眼閉一隻眼添購有問題的原料，又有什麼立場在事件爆發後說自己是受害者呢？

真心與愛是良知最好的煞車

如果你是一個有良知的人，不管會不會露餡，也絕對不會貪圖賺這一點利潤。因為在你心裡會有良知的聲音，告訴你這個原料有問題，這件事會危害很多人的健康，也會傷害公司的形象，考量過後，你絕不會泯滅良知進這批貨。當時，或許有很多同行嘲笑那些廠商自命清高，現在一比，誰才是真正的贏家呢？

許多時候，人們在面對問題舉棋不定時，會發現自己內心深處出現一絲不妥的感受；這喋喋不絕的聲音就是良知發出的警訊，提醒你該重新思考，不要冒然決議。

人性當中有很多小奸小惡，不僅是團隊當中的所有人，就連主管本身也有人性的弱點難以克服；身為一個決策主管的角色，更應該隨時警惕自己設想每件事情的後果。貪求眼前一點利潤，可能會造成之後的骨牌效應；任何鑄成大錯的罪惡，都是從一根微不足道的稻草，變成壓垮團隊的巨石。若是出了事，這個責任誰擔得起呢？

「宏明，我觀察過你。你是個願意為公司、為同事設想的職員，這也是為什麼我願意冒風險選擇你。」BOSS的目光望向了窗外風光，似乎想起久遠的往事，「你要記得，一個懂得傾聽自己良心的主管，再糟，他

就是辦事不力。但一個沒有良心的主管，即使犯了輕微的錯，卻依然有可能讓整個團隊身敗名裂。」

說到這裡，BOSS又笑了笑：「只不過，有良知不代表不會迷失，尤其在職場待久了，白紙也會染上顏色。這個時候，別忘了問問自己心裡的感覺。」BOSS將手拍了拍自己的胸膛，宏明也忍不住將手放在自己的胸前，感覺到溫熱、跳動。

不要小看內心的感覺，真實的感受往往最符合現狀，當你覺得不妥，可能就是這件事情有什麼地方出了錯。粉飾太平，會抹殺了做出正確決定的契機，也將掩蓋團隊發表真實感受的機會。

沒有人喜歡冒險犯上，大部分的時間即使心中再不滿，還是依據主管的決策去執行工作；當主管被自己的固執和自私矇蔽了眼睛，並且堅持自己沒有「錯」的時候，團隊也只能搭著主管駕駛的列車駛向失敗。

BOSS停頓了一會兒，接著一派輕鬆地往椅背一靠：「說完了。主管應該具備的素質，大致就是這些吧。」

「啊？」宏明恍如隔世，「所以，做主管前我該學習的東西只有這樣嗎？」

「當然不是。只不過，身為主管該具備的基本心理條件就是這麼簡單，調整好自己的心態和處事方式，踏穩腳步往另一個人生階段邁步。」BOSS的神態輕鬆，宏明心想，現在的BOSS眼尾帶著慈愛的笑，看起來才像一個屆退的長輩，和平日在公司的樣子完全不同。

「先將習慣和心態培養好，基本上，你就已經是半個好主管了……」聽到BOSS這麼說，宏明心裡才升起了一點信心。這時BOSS正低頭看著那份擱在桌上的水果禮盒皺起了眉頭。「嗯，不過在挑禮品方面，

你明顯需要訓練一下。」BOSS臉上，又露出了宏明熟悉的促狹笑意。

BOSS的
私房筆記

◆ 如果發現了問題，修正的時間要越快越好。

◆ 身為一個決策角色，要隨時警惕自己設想到後果。

◆ 一個聽不見良心聲音的主管，即使輕微的小狀況，也有可能讓團隊身敗名裂。

◆ 粉飾太平，會抹殺了做出正確決定的契機，也將掩蓋團隊發表真實感受的機會。

◆ 最好的方式，是從一開始就打開自己的耳朵聽聽良心的聲音，不要執迷不悟。

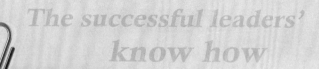
The successful leaders'
know how

戰略化思考的
素質養成

Work place survival collected sayings

職場生存語錄：
事情沒有絕對的好壞，全看自己如何運用手中資源。

一個普通職員和一個部門主管，同在一間辦公室裡工作，職員做的事情也沒有比主管少，請問：主管和職員的差異究竟在哪裡？

一個主管可不是只有薪水比人強，要能待在上司和下屬的交鋒點，腦子裡如果沒有一點料，很快就搖搖欲墜、地位不保。**躍升管理階級，主管不能再靠苦幹實幹的肉搏功夫生存，而是得靠著運籌帷幄的清楚思路，絲絲入理，步步為營。**

一個卓越的主管該如何領導團隊共同實現理想、協助公司開創業績？如何讓團隊成為公司的模範，並在部門中成為不可或缺的要角？這些都不是靠橫衝直撞的傻勁就可以辦到。

在這一個章節將告訴你：一個優秀主管應該想什麼？
你知道規劃一個清楚的願景，是帶領團隊該做的第一件事嗎？
你有沒有用心了解公司，仔細分析過團隊的優缺以及組織運作呢？
你心目中的夢幻團隊是什麼模樣，你該怎麼期望團隊中每一份子？
你進辦公室的第一件事是埋頭工作，還是從旁觀察團隊在幹嘛？
你知不知道一個好主管，不是看工作能力強不強，而是會不會提出好問題？

一個主管應該思考的，往往和常人認為的不一樣。**當你能站上更高的角度去思維，你就能從不一樣的角度去了解團隊和公司的需求，成為洞燭先機的主管。**

2-1 知人者智，自知者明，在既定方向中逐步成長

 職場生存語錄：
沒有不可能的目標，只有無法確定執行的期限。

今天是公司每個月的例會。會議中各部門就上個月的業績進行報告與討論，並對接下來一個月的業績目標展開溝通。BOSS在會議桌前，和平時一樣神采奕奕，完全沒有要退休的模樣，宏明一邊報告，一邊看著BOSS不苟言笑的表情，有股腎上腺素在體內分泌與翻騰。

BOSS總有不怒而威的氣勢，昨天他那一派輕鬆的模樣仿若一場夢。

口頭簡報結束，BOSS犀利地問了幾個關鍵問題，宏明有備而來地一一精準回答。看到BOSS點了點頭，宏明心中的大石才真正落了地，暗暗吁了口氣。

「很好，總體來說上個月的業績不錯，這個月的目標客戶也已經先做好調查，市場開發這部分大體上也沒有問題，大家做得很好。」BOSS神色自若地做出結論，「那麼接下來還有一件事，我要和大家宣佈。」

在場的人暗暗交換了眼色，宏明覺得有股胃酸上湧的感覺，似乎所有人都意識到：揭曉時刻到了。

「大家都知道，我年紀一大把了，總不能賴在公司不退休，死佔著主管的坑不讓。」BOSS自嘲地乾笑幾聲；「最近，大家多少也聽到一些

風聲，好比誰來接任主管。想必大家心中已經有個譜了，那麼我現在也不用拐彎抹角：未來將由宏明接任主管的位置，這是我和公司評估過後的最終決定。」

會議室的目光，一時間全投注在宏明身上。

「好啦！」BOSS一副看著雛鳥離巢的臉色，對著宏明說：「在大家恭喜你之前，先和大家說幾句話吧。」

大家這時才發出熱烈的掌聲，有些人露出鼓勵的眼光，一些人則是恍然大悟的模樣，坐在身旁的小劉拍了拍宏明的背，平時和自己相熟的志偉甚至還發出「哇嗚」的怪叫聲，讓不少人都笑出聲音；唯獨老張鐵青著一張臉。

雖然感覺有些困窘，宏明還是硬著頭皮穩住自己的聲音：「非常感謝各位同事的鼓勵與支持，今天公司與BOSS給我這個機會，接下業務部門主管一職，未來還需要各位同事多多協助，我也會努力讓業務部更上一層樓。再一次謝謝大家。」

宏明說完，底下又是一陣掌聲。「怎麼說這麼少啊！」志偉在一旁叫道，其他人也笑了出來。

「將來要說話有的是機會，」BOSS俐落地理了理面前的文件，「大家先上工，今日的會議就到此告一段落。宏明，等一下到我辦公室來一趟。」

★ 職場第 09 大罪狀 ★
別當一個沒有施工藍圖的建築師。

進了辦公室，BOSS拿出一份行銷企劃書遞到宏明面前。

「這份行銷企劃書，是下個月公司預定出席的工商展售會；此行目的除了公開展售公司產品之外，當然更要借機開拓新的業務市場。所以，我們業務部要和企劃部一同規劃這次的展覽活動。這次的計畫將由你來擔任總督導。」BOSS笑著轉身坐回椅子上，留下宏明還楞在原地。

「BOSS，你是指……展售會整個活動嗎？」宏明有點茫然失措。

「對。從人力的指派、活動的內容規劃、部門間的協調溝通、到現場的全程調度，全權都交由你來主導，這也算是你在正式就任前的熱身運動。」BOSS依然帶著笑，說得一派輕鬆。

「我知道了。」宏明不敢再有異議，心中卻覺得這根本不只是熱身運動，而是一封戰帖。「BOSS，我想先請教一下，關於展售會這個計畫，我該從哪個方向開始著手，是否該先和企劃部協商確認分工模式？」

BOSS揮了揮手，示意宏明先停住：「你現在還用不著太緊張，距離展售會時間還很充裕；但是，在這之前我有更重要的事想問，你對未來有什麼看法？」

「未來？」宏明被搞糊塗了。

「說得更明白些，當上主管後你的策略計畫、希望替公司擬訂哪些新的商務規劃、想要帶領團隊怎麼達到更佳績效……等等；關於這些規劃你有什麼好的想法？剛才你在會議上說未來會好好帶領團隊，總不會只是場面話吧？」

「當然不是。不過老實說，整件事情發生得太突然，對於升上主管後的規劃，我還沒有完全想清楚。」宏明誠實以告。

「記得我上次跟你說過，每一分每一秒你都要逐步將自己調整到主管的最佳心態。第一步，回家先寫下一份『工作願景規劃表』；因為，願景對於一個人的未來發展實在太重要了。」BOSS緩緩說道。

「工作願景規劃表」，就像是夢想行事曆，提醒自己要在何時達到何種目標，然後再逐一寫下達成目標所需的每個執行步驟。任何願望都得靠著理性拆解、輔以確實執行、根據理性數據做分析調整，才有機會在未來逐步達成目標。

宏明露出疑惑的表情：「BOSS，我不太能理解，我以為當上主管後，該做的第一件事是開始接手公司事務？原來不是！首要任務是立下工作願景規劃表，這是為了什麼？」

「一個主管在職場上，如果沒有自己的工作願景規劃表，就已經犯了職場重罪！」BOSS說出他的至理名言，臉上又是惡作劇的微笑。

「一個主管沒有工作願景，罪是很重的！就像一個不負責任的建築師，只會畫建築外觀設計圖，卻沒有執行藍圖一樣。這麼說你可能不明白，那就讓我從最簡單的『願望』開始說起。」

* * *

職位越基層的人越重視現在，而越高階的人越要看到未來。高階領導者要有把策略具象化、願景化的能力。企業領導人若沒時間想願景，公司就有危險了。東方快線研究總監伊魯秀一說：「『有夢』才能讓眾人追隨。從基層主管升遷到中階主管，需要膽識來做一些新的嘗試，不要怕犯錯，才能更被看見。而最高層的領導人則必須把方向、規則都設定好，其

他人才能跟著走。」

　　1111人力銀行執行長李紹唐指出，一個稱職的領導者首先要有願景、目標和策略，願景就是在規劃公司未來明確的方向，並要透過目標及戰略來連結。領導者不但要解釋「願景」、展示「願景」，甚至要利用「願景」來影響他人。讓全體員工能充份理解、接受並執行。

　　職場工作者應該從基層開始，就要培養這樣的能力，強迫自己凡事不要只看當下，要能找出長遠的目標，為每一個目標立下可執行的計畫，在既定的方向中，逐步成長。

BOSS的
私房筆記

◆ 「工作願景規劃表」，就像夢想行事曆那樣，提醒規劃自己要在何時達到什麼樣的目標，然後再逐一寫下達成目標所需的每一個執行步驟。

◆ 任何願望都得靠著理性拆解、確實執行，才有可能達標。

◆ 沒有願景的主管，就像是不會畫設計藍圖的工程師，不負責任。

◆ 願景必須有熱情支撐。

◆ 規劃公司、團隊的遠景，永遠是主管上任前的第一件事。

◆ 做事前未曾詳細規劃的主管，只會帶領團隊空轉；最後效率不彰、一事無成。

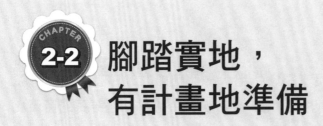

腳踏實地，
有計畫地準備

 職場生存語錄：
　別讓他人口中的不滿批評，偷走你完美且對的堅持。

　　每個人小時候都許過願望，例如：「我想要一輛模型汽車！」。但是向爸媽央求了好久，得到的回答是：「如果你這次段考前五名，我才買給你。」如果想要實現願望，那你就得悶著頭認真用功；長大後，願望變大了，從模型汽車變成雙門跑車，但實現願望的方式卻沒有改變，你得要努力工作才能實現夢想。

　　宏明，記得我和你說過「結果論」嗎？做事前，必須先知道最終想達到的成果是什麼？唯有如此，才能夠藉著結論反推過程，逐一思考達成目標之前的每一個步驟該怎麼做。實現願望也是一樣的道理。

　　一個團隊的美好未來，就像是生日願望，只靠著許願是沒有用的；願望必須經過多方的努力與精密地推敲修正，最終才有辦法完成。假使，今天當你連許下願望的動機都沒有，你就只能茫然前進，根本沒有反推步驟的機會和能力。

　　每一個人的生涯規劃，通常會劃分成很多階段，每個階段都有不同的夢想要規劃，而我習慣將這些規劃稱作「願景」。當你對人生的不同階段都設下清楚願景，你就能夠分辨自己有什麼事情需要調整，有哪些部分條件不足，自己何時該開口求援；唯有你先清楚自己想到達的目標，方能

將自己修整到能實現願景的理想狀態。

BOSS在座位上笑著說：「我現階段的工作願景，就是在退休前教會你如何當一個好主管。所以，我的工作重心就會因此做出調整。」

「但是，」宏明有些不解，「願景當然人人有，但能不能達成是一回事？對吧！因為，總是有出乎意料的變化等著我們啊！」

「這句話，一語道盡多數人的問題，這也是職場上最普遍會犯下的罪刑。」BOSS犀利的眼神，讓宏明懷疑自己是不是說錯了什麼。

★ 職場第10大罪狀 ★
把變化當成不計畫的藉口。

很多人不把規劃「願景」當作一回事，這些人最常拿來搪塞的藉口是：人生無常、職場無情，計畫趕不上變化，變化趕不上老闆一句話！這真是天大的謬論。

「蓋房子前，應該要先做什麼？是畫藍圖？還是打地基？或者是排定日程？挑選建材？不對，都不對！蓋一棟房子前，你要先清楚知道你要蓋的是什麼房子。」BOSS敲了敲自己的腦袋，「你是要蓋一棟摩天大樓，還是蓋一幢獨棟洋房，或者是一間拿來分租的單身公寓？你得先想清楚並確定目標，這樣之後的動作才有意義。」

房屋在施工期間，進度或許會延遲，也有可能因為原物料上揚，導致地磚價格飆漲，逼迫你忍痛替換建材；但是，加總所有「變化」，最終到了房屋完工的那一刻，也絕對不會離你原先「計畫」想要的房子太遠。總不可能你原先要蓋一棟商業大樓，卻因為種種變化，最後竟然蓋出一棟

四合院吧，但是職場上多數人給自己的理由卻是：「人算不如天算，計畫趕不上變化！」這不是笑死人了嗎？

計畫趕不上變化，不過是一句自我安慰的藉口。計畫中有變化是正常的，但是如果完全沒計畫，凡事就會千變萬化，根本沒有依循標準。

「重點是，還真有不少人讓這個藉口合理化自己不做計畫的惰性。」BOSS搖了搖頭，「這是因為許多人連設定願景的勇氣都沒有！對於未來的想像模糊不清，所以根本不知道自己可以規劃什麼，只能走一步算一步，在人生的土地上，蓋出什麼是什麼；他們還自我安慰地認為，因為計畫趕不上變化，所以隨遇而安也沒什麼不好。」

一個卓越的主管，絕對不能有這種「走一步算一步」的鴕鳥心態；當公司將部門團隊交予主管手中，就是希望能在主管的領導下發揮符合公司效益的能力。因此，一個主管如果連自己的工作願景都搞不清楚時，就好像一個建築師想要指揮工人蓋房子，卻連要蓋大樓，還是要蓋花園別墅都說不清楚，那底下的工人也只能無所適從地瞎忙。

工作願景，是主管必須帶領團隊看到的未來。唯有當雙方都了解工作願景的方向，即使大家工作內容不同，或是有行程因故耽擱、各種突發狀況發生，也能跨越障礙奮力向前，最後共同達成當初設定的目標，這就是主管設定工作願景的重要性。

「宏明啊，我現在並不是在和你唱高調。」BOSS轉了轉桌上的地球儀，「你知道為什麼我要在桌上放這個嗎？」宏明搖了搖頭。

「因為這就是我退休後的人生願景——環遊世界。」

＊ ＊ ＊

成功學大師柯維（Stephen Covey）說：「要從結果開始考慮事情。」

有清楚的願景才可能有清楚的計畫。但是計畫做得完不完美並不重要，重要的是計畫因故不得不改變時，要能立即因應、調整。當情況超出原先預期時，稱職的主管或領導不會花時間去怪罪是誰造成問題，而是把心思放在解決問題上。也就是說要有足夠的彈性，要有備案，能迅速反應並執行改變後的計畫，才能如期達成目標。

BOSS的
私房筆記

◆ 一個團隊的美好未來，就像是一個生日願望，只靠著許願是沒有用的，它必須經過精密的反推，才有辦法完成。

◆ 當你對人生的每個階段都設下清楚的願景，你就能夠分辨自己有什麼事情需要調整，有哪些部分的條件不足，自己何時又該開口求援。

◆ 唯有先清楚自己想到達的目標，方能將自己修整到能實現願景的理想狀態。

◆ 計畫中有變化是正常，沒計畫，就會千變萬化，根本沒有一個可依循的標準。

◆ 主管如果連自己的工作願景都不清楚，團隊就會無所適從，甚至做白工。

2-3 用數據評估願景，確保自己沒有走錯路

 職場生存語錄：

「錯了」沒什麼大不了，不知道「錯了」那就死定了。

大部分的年輕人會犯一個毛病，「覺得自己青春無敵」。做一份工作不過是想對父母有個交代，存了一點點薪水，也只是將目標放在買新衣服、新手機，或者是計畫出國去玩；但是，卻很少有人會去思考，自己未來三十年的願景是什麼。

我並非苛責年輕人犒賞自己不對；相反的，給自己訂下一個短期目標來獎勵工作成績，這樣非常好，能夠讓自己有持續努力的動力。只不過短期目標是這樣，那中期目標呢？長期目標呢？仍然是買衣服、手機，這樣而已嗎？

我們可以透過短期目標來激勵自己，也要制定中程願景以及長遠規劃，透過計畫執行的步驟，你才能確定自己是不是往正確的目標前進；還是說，你明明想要蓋一棟摩天大樓，卻快蓋成一所公廁仍毫無自覺。

如果你是一名主管，你對自己的人生規劃更不能模糊不清，因為你的短、中、長期目標，往往會影響到團隊短、中、長期的發展。團隊是個有機變化體，一個主管用什麼心態去領導團隊，都有潛移默化的效果；當你茫然隨性地往前走，團隊裡的人對工作未來必然也是一片模糊。

堅持對的堅持，是成功關鍵

BOSS停頓了一下，宏明早已經拿起筆記來抄寫重點。一次太多事情得吸收，宏明緊張得很。「然而，」BOSS繼續往下說，「設定工作願景重要，你也得要給予適當的彈性。」

「是指視實際狀況，調整實現工作願景的步伐嗎？」宏明咬著筆頭皺起了眉。「沒錯。」BOSS點了點頭，讚許地對宏明笑了一笑，「設定工作願景，要有視情況轉彎的巧智慧。」

人們在設定願景時常常是熱血沸騰，然而，當結果不如預期時，就容易灰心喪志，懷疑自己的能力。例如：你原本預計希望在半年內達成一項任務，當時限到了你卻沒有完成，這個時候別太過苛責自己；因為，原因可能有兩個！一個是你並沒有完全落實照著規劃的進度貫徹執行，另一個，則可能是你錯估了執行任務所需的時間，而且沒有把計畫變更的可變動時間因素估算在計畫時程表當中。

如果是前者，你就應該進一步檢討，工作進度不是排來好看的，而是每一個步驟都要徹底落實、執行到底。如果是後者，不要喪氣，只要清楚實相實估能力，調整執行進度與流程，保持均質並持之以恆，最終還是能夠漂亮完成目標。就好比當你計畫要到達一個地點，即使中途你的車子拋錨了，但是只要你想到達的決定依然沒變，即使到達的時間晚了點，你終究還是能夠完成目標。

蘋果電腦公司在數位產業能夠獲得巨大成功，主要原因在於賈伯斯將「個人化」、「精緻化」、「便利性」的概念帶進了電腦產業。他曾經發下豪語：「我做的產品連笨蛋都會用。」然而，賈伯斯的決定並沒有一開始就馬上得到市場的支持。

當時，賈伯斯強調電腦主機的內外一體性，他的完美主義不允許消費者對電腦內部配備自行更動，他認為這非但不美觀，也是電腦運行出問題的罪魁來源；賈伯斯主張生產「完全密封、一體成型」的主機，要拆解主機還得使用特殊專利的螺絲起子才能辦到。這項設計等同排除了與其他廠牌零件合作的可能性，在電腦業界引起了極大的反彈聲浪；當時，電腦的主要功能是商務使用，賈伯斯的堅持對多數人來說只是吹毛求疵。

然而，蘋果電腦的各式產品卻在今日獲得了廣大成功。因為，在二十一世紀的現在，電腦已經徹底轉型為「娛樂、生活用品」，消費者在乎的是便利、美感和使用經驗，雖然蘋果電腦與其他廠牌相容性較低，卻能滿足現代消費者大部分的感覺需求。賈伯斯的概念，在八〇年代時並沒有受到多數人支持，然而在數位電子娛樂發達的今日，我們可以看見他的理念其實超前了那個年代，整整晚了十幾年，他才有機會證明自己的遠見是正確的。

「堅持對的堅持是關鍵，怕就怕你在這之前就已選擇放棄了。」宏明抬起頭來，發現BOSS帶著憂心的關愛望著他。

「BOSS，」宏明突然一股衝勁，拍了拍自己的胸脯，「我會努力不讓你與公司失望的！別擔心，這次的展售會，我會好好發揮。」

* * *

領導管理沒有祕訣，就是做對的事，並努力堅持把事情做對！優秀的領導者在執行公司計畫的過程中要扮演積極堅定的力量，不但有強烈的自信心，還要能增強團隊的信心，他知道自己必須有堅定的決心、堅持朝對的方向邁進。良好的執行力，來自領導者本身的堅持及決心，像是奇異（GE）公司的傑克威爾許，對於策略的執行抱持著必須成功的決心，他很明確地要求集團內的企業不是做到第一就是第二，以此鞭策所屬企業

的成員都要能達到這個標準，並貫徹執行。「做對的事，需要多一份堅持」，只要方向對了，就放手去做。

BOSS的
私房筆記

◆ 當主管的第一步，寫下一份「工作願景規劃表」。

◆ 設定工作願景，要有視情況轉彎的智慧。

◆ 主管必須視實際狀況，調整實現工作願景的步伐。

◆ 主管絕對不能有「走一步算一步」的鴕鳥心態。

◆ 我們可以透過短期目標來激勵自己，也要制定中程的願景以及長遠的規劃，透過計畫執行的步驟，你才能確定自己是不是往正確的目標前進。

◆ 團隊是個有機的變化體，一個主管用何種心態領導團隊，團隊的表現就會符合這樣的狀態。

◆ 工作進度不是排來好看的，而是每一個步驟都要落實並執行到底。

深入了解公司的組織架構、系統和人

宏明在六月的行程表寫上「展售會」三個大字，這是短程目標，看著半年後的「就任主管」四個紅字，不禁覺得一陣熱血沸騰。

宏明將表格貼在辦公桌前，暗自盤算在這個星期，起碼得和企劃部溝通完畢，並將業務部內的人力配置完成，雖然目前小有進度，卻仍有不少問題讓他頭痛不已。

公司參加這次展售會，目的是想讓各家廠商有相互認識的機會，開發更多協同合作的可能性；參與展售會的廠商，有不少是業務部未來希望爭取合作的對象。就連公司的大老闆，也請了BOSS和企劃部部長接連開會，不斷地耳提面命，強調這次展售會是賺取直效業績的大好機會，絕對要全力以赴，不能掉以輕心。

BOSS信心滿滿地請大老闆放心，宏明內心卻七上八下，不放心得很。

往日，這類活動都是由企劃部指導執行，活動經費也由企劃部以年度預算做支出；但是，因為這次的活動屬性較為特別，是以業務部拓展業務為主要目標，所以主導重心落到了業務部本身。在宏明初步溝通接洽

下，企劃部回覆只肯負擔部分的行銷預算，剩下的部分則希望由業務部自行規劃支出。

由於沒有前例可循，宏明也無法和企劃部力爭到底，左思右想，連頭皮都快抓破了，還是找不到適切的方法來化解，無計可施下，宏明決定還是詢問一下BOSS的意見。

★ 職場第 **11** 大罪狀 ★
只關心自己份內的工作。

宏明剛踏進BOSS辦公室，見到BOSS正在電話中哈哈大笑，雖然只聽見幾句談話的內容，宏明卻馬上可以判定，對方肯定是企劃部的李主管。三分鐘後BOSS掛上電話，笑咪咪地說：「敲定了，展售會所需費用由企劃部全額支付，交換條件是，年底企劃部舉辦的活動，業務部必須全力協助邀約廠商贊助參加。」

「這麼快就解決了，我才正在愁該如何向BOSS回報目前狀況呢？」宏明不敢置信地瞪大眼睛。

BOSS又是哈哈大笑：「我聽說你遇上了麻煩，這是預料中的事。企劃部門排外性強，就算他們不缺經費，也不會輕易做虧本生意。相對的，廠商人脈是業務部的強項，考量到企劃部年底的活動，我只是用我們的優勢，去交換他們的預算。」

「這麼一說，企劃部年底的活動向來盛大，不過我一直不知道他們有欠缺廠商人脈的需求。」宏明皺起眉頭，想起年底活動時，常看見企劃部到了半夜還是燈火通明，他們對年底活動向來很重視。只不過BOSS怎

麼知道企劃部最頭疼的問題是什麼？

心中才這麼想，BOSS就幽幽地說道：「你平時對別的部門沒有用心觀察，這又是條嚴重的罪狀！」

宏明一驚，他是真的從來沒想過要注意其他部門在做什麼。他一直覺得，只要把份內工作做好，對於上頭指派的任務問心無愧就行了。

「宏明啊，」BOSS站起身子，揉了揉太陽穴，「有句話說：知己知彼、百戰百勝。了解敵人能夠獲得勝利，這個部分應該不難理解；可是，為什麼了解自己人也能贏得勝利，你知道嗎？」

宏明搖了搖頭：「公司其他部門的業務，自己根本無法插手，了解那麼多有用處嗎？」

「當然有！如果你知道的話，起碼你能自行解決企劃部的問題。」BOSS一副暖身結束的模樣，宏明知道，接下來又是主管的課前預習。「我先從了解公司組識的必要說起吧！」BOSS先清了清嗓子。

不清楚彈藥庫有什麼武器，如何上場打仗

團隊或是公司，就像是人的身體，擁有讓公司運作的各種機能。有的人身體較勇健，是因為他們有良好的免疫系統。有的人天生就比較聰穎，因為他們的大腦開發程度較他人多。每一個公司，都是因為底下部門的特質不同，形成了這家公司的優勢或是劣勢。

賈伯斯當初臨危受命回到蘋果電腦做的第一件事，便是親自面談所有部門的員工，因為他必須先清楚知道，每個部門每個人的職責所在，才能區分哪些人才可以用，哪些人力過剩。後來，當賈伯斯確立了最菁英的

創意小組時，在工作上賈伯斯完全不用「轉達」的方式交辦事情，他會直接面對面找到他所需要的員工，將工作親自交辦給他。因為，賈伯斯非常清楚，自己手下有多少籌碼能用、眼前的職員有什麼能力。

試想看看，如果今天有一場運動會，結果班級推派出的選手，卻是一個弱不禁風、對運動毫無興致卻非常會演講的同學上場，相信結果應該不會讓人滿意。

你能說這是選手的錯嗎？不，這是因為指派他出場的人，沒有理解到他的能力所在；如果，今天是指派這位選手出席他擅長的演講比賽，結果勢必大不相同。相同的，公司的管理也是一樣的道理。

「如果你不能理解公司每個部門的優勢何在、弱勢何在、功能何在，那麼主管會在面對外來挑戰時，做出錯誤的決定，讓夥伴去送死。」BOSS輕咳了一聲。

我們常說，團隊要了解公司，理解經營理念，搞懂作業流程，並不只是要逼迫團隊認同企業。當然，認同企業很重要，但是這樣的要求，其實有一個更實際的好處，那就是企業裡的每個人，都能夠有機會思考公司內部有什麼優勢是他人沒有的，有什麼缺點是可以補強的；藉此，團隊可以依照自己的才能協助公司補強這些缺口，不但讓自己的才華有所展現，對外征戰時也更有施力的憑據！

「你想想，」BOSS揹著手，轉過身來以銳利的目光看向宏明，「一個團隊了解公司與否，後續影響就能這麼大，如果是主管做了徹底的整合，不是就更加不得了！」

BOSS走到書櫃前，拿起一張微微泛黃的照片，上頭是二十來歲的BOSS，神采奕奕，只是多了些青稚。看著年輕的自己，BOSS對宏明露出了意味深遠的笑容。

「舉一個例子來說吧，」BOSS望著照片，似乎想起了往事，「我當兵的時候，業務繁重，其中一個工作就是紀錄每天的部隊日誌。那個時候我什麼都不懂，連長看我傻乎乎的模樣，就把每一天需要紀錄的東西，在晚上挑個空檔，一項一項告訴我，再由我繕打成文書。

只不過，軍中事情既亂且雜，文書作業雖不困難，卻很容易打亂其他行程，連長也不是每天都有空檔，能夠一項項地將事情完整交辦。你說，我要怎麼辦呢？」

宏明隨口接道：「化被動為主動。」

「沒有錯。」BOSS轉過頭來，露出讚許的眼神，「時間一久，我漸漸發現，這份工作日誌有一定的撰寫格式，連長也是經由他人的回報，再整理出必要項目告訴我。只要我了解組織的運作，就能蒐集當天軍紀通報，主動詢問一些必要資訊，我完全可以自行完成這項工作。於是，我不再被動等待指令，甚至可以自己找空檔安排工作。不但上級省掉了與我溝通的麻煩，就連行程也多了餘裕。如果你問我從中學到了什麼，我會告訴你，那就是搞清楚組織內部的『遊戲規則』。」

BOSS眼睛一亮：「回到主題，宏明，你以為對公司其他部門不了解，是件無傷大雅的事情對嗎？」宏明臉色一紅，BOSS則是搖了搖頭。其他部門的功能何在？什麼流程是必要的？什麼流程可以互助和商議？每一個公司和團隊都自有一套制度和潛規則。身為主管如果不懂得全盤的運籌帷幄，勢必常常會陷入孤軍奮戰的慘烈狀況。

* * *

領導力專家甘尼（Usman Ghani）認為，「未來的領袖必然是整合型的領袖。」他指出，IBM前執行長葛斯納（Louis V. Gerstner）、美國西

南航空的創辦人凱勒（Herb Kelleher）就是典型的整合型領導人。葛斯納懂得去彙集IBM所有部門上下的想法及力量，而能有效率地完成集團的目標。而西南航空的凱勒卻能同時集合了多重角色於一身——他可以是員工的教練、聆聽的董事、新商業概念的挑戰者、負責執行與評估的營運經理，以及宏觀企業遠景的Leader。

一個團隊的領導要培養自己冷靜的氣質與開放的心胸，能夠傾聽，才能從人的言談中搜尋多樣觀點，讓自己的思考可以面面俱到，進一步衡量眾多的選項與可能性，並為不同的領域、部門、利害關係人搭起溝通協調的橋樑。

BOSS的
私房筆記

◆ 不知道自己有什麼武器，如何上戰場打仗。

◆ 如果你不能理解公司每個部門的優勢何在、弱勢何在、功能何在，那麼主管會在面對外來挑戰時做出錯誤決定，讓夥伴去送死。

◆ 深入了解公司，理解經營理念，搞懂作業流程，都能夠有機會思考公司內部有什麼優勢是他人沒有的，有什麼缺點是可以補強的，不但讓自己的才華有所展現，對外征戰時也更有施力的憑據。

◆ 把人才擺對位置，才能發揮效能。

◆ 懂得整合資源，才能打一場不敗的勝仗。

2-5 摸透遊戲規則，有助於開發協同戰略

職場生存語錄：
不以想當然爾去思考問題。

　　表面的制度，你可以把它理解為白紙黑字記載的事項。例如：發薪日期、交貨時間、擬定合約的程序。然而，公司各部門角力的「潛規則」，則是需要透過反覆觀察和學習才能夠了解。例如：部門間的預算牽制、行政程序的遞補、某高階主管的喜好……等等。

　　「就像剛剛，」BOSS做了個接電話的手勢，「你很清楚地看到，有些事情是可以商議的，只要你知道：對方在乎的是什麼。在沒有違反制度的狀況下，對方往往很願意利益交換，這就是職場生存的潛規則。要怎麼熟練使用制度和潛規則，沒有任何捷徑，就是要耳聰目明觀察公司、觀察其他部門、觀察制度、觀察人。」

透析潛規則讓工作行雲流水

　　在職場上走跳，每個人多少都曾遇過令人氣結的悶虧。例如，一份提案你忙了一整天，呈交給主管時被釘得滿頭包，但另一位同事只是花半小時稍稍修改幾句，竟然就換得主管首肯。暗自揣度原因，歸根究底不過就是別人比你更懂得討上級的歡心，或是比你更懂得審時度勢。

　　「有許多身存傲骨的人，總是把『討人歡心』四個字想得太不堪、太負面，更把『潛規則』當成不能觸碰的禁忌領域。」BOSS笑著搖了搖頭，「事實上，完全不懂『潛規則』的人等於沒有縱觀大局的能力，多半只能在職場底層庸碌一生；然而，那些在公司如魚得水的人，則是將職場的遊戲規則摸得通透。

　　他們多做了些什麼嗎？不過是多了一份觀察罷了。在職場的生存上，了解潛規則等於了解局勢，所以能懂得見招拆招，不去招惹不必要的麻煩；不像那些自詡清高的員工，明知山有虎偏向虎山行，只會用同一種方式不斷碰壁。」

　　公司的規則是人為制定的，就算律令再嚴明，執行者仍舊是人。人性當中的善良、慈悲，當然也包括貪婪、惰性，都會影響人們使用不同方式執行公司規定。畢竟，只要在沒犯規的前提下，人性都會選一條讓自己方便的路走。

　　無論是哪家公司或是身處哪個職位，只要有人的地方，就一定有潛規則存在；潛規則不會明訂在公司合約中，卻能直接影響你在公司的處事模式，華人文化中常會提到「買個方便」，連「方便」都有人願意出錢買，由此可知潛規則足以撼動整個制度。如果不想因為這些無形枷鎖而施展不開，你就必須張大眼睛，看清楚檯面下的暗潮洶湧。

　　一個對你有好感的上司，會願意給你多一點機會；一個被你得罪的主管，就算他再怎麼公私分明，面對同樣優秀的兩個人，他總是會把機會讓給順眼的員工。這是人性，你無法苛責，也無從改變，唯一能夠警惕自己的是：不要誤觸了隱形的地雷。

　　如果你問我，理解制度和理解潛規則哪個比較重要？我會告訴你，不相上下。因為如果沒有熟悉制度，你就無法依循正途在公司可行的制度

內游走；但是，如果你完全不懂公司跨部門內部的潛規則，你也防不了暗箭，更看不見未曝的陷阱，很容易被部門制度卡得進退兩難。

不要覺得潛規則必然會阻礙你，它偶爾也能助你打通許多管道，讓你事半功倍；你並不需要犧牲尊嚴和靈魂，只需像安撫野獸那樣，順著潛規則的毛摸，不要刻意和潛規則產生逆向衝突，自然而然就能在其中找到突破點。

「例如，我和企劃部主管私下往來不多，只不過每一次跨部門合作都很愉快，我也逐漸摸清他的性格和難處，這是公司不曾告訴我的『潛規則』；當我摸清他的難處，適時提出利益融合交換，他自然願意幫忙。我既沒有失去尊嚴，又不用陪酒賣身，只是掌控了對方的需要而已，這樣你了解嗎？」BOSS看著宏明，宏明臉上的表情，就像解不開數學題目的考生。

「主管既要帶領團隊對抗外敵，又要帶領團隊在公司內求前進，如果不明白公司規則，一不小心就會讓團隊死無全屍；或是帶領團隊往崎嶇的路上走，讓大家不死也半條命。」當一個主管越了解公司運作機制，就越能將團隊放在優勢的位置發揮，領導團隊衝鋒陷陣時避掉很多麻煩。也只有當團隊能夠在公司上下如魚得水，發揮所長時，主管才能真正稱得上有所表現，為自己與團隊創造雙贏。

BOSS站在玻璃窗前，透過窗戶看著忙碌運作的業務部。小劉正拿著文件，比手劃腳地和電話一頭的客戶解釋。整個部門看起來充滿朝氣。宏明第一次清楚了解到，原來BOSS為業務部付出的許多心血，比大家想像中多更多。

BOSS的

私 房 筆 記

◆ 主管必須搞清楚組織內部的「遊戲規則」。

◆ 理解公司每個部門的優勢、弱勢、功能，就能在面對外來挑戰時，做出最佳決策。

◆ 要熟練使用制度和潛規則，就是觀察公司、觀察其他部門、觀察制度。

◆ 主管越了解公司制度，越能將團隊放進優勢的位置，領導他們戰勝更多挑戰。

◆ 當團隊能夠在公司內部如魚得水，發揮所長時，主管才能有所表現，藉此補強公司，為彼此創造雙贏。

2-6 客觀選角，
不憑直覺與個人喜好

 職場生存語錄：
夢幻團隊才能成就夢幻版圖。

「話說，」宏明突然被BOSS的聲音拉出了思緒，「你有想過，展售會該怎麼安排部門內的負責人員了嗎？」

即使只是看著BOSS的背影，BOSS仍然有一種奔騰的權威，宏明手忙腳亂地打開筆記本，翻開一頁寫著「人力佈署」的部分。

「目前的計畫是：企劃部會負責場地的安排和佈置，業務部加上我，總共有三個人參與策劃。我負責組內外的協調溝通，小劉和志偉負責廠商接洽。文宣的設計和宣傳，我們還在協調之中，看是由企劃部委任外包，或是由業務部這邊處理。」宏明看著細項逐一報告。

「像是現場的人員配置，還有主持人、活動流程、餐點內容等安排，以及活動當天業務部留守的人力安排，你又打算要怎麼做？別忘了，當天還有另一個大廠商要我們派人過去開會，起碼要有兩名人員，你安排好了嗎？」BOSS犀利地點出問題，宏明腦子閃過一陣空白，該死，竟然忘了還有這回事。

BOSS停頓了一會，看了看窗外拿著電話筒說個沒完的小劉，「小劉可以去開會，再配一個新進人員給他也就夠了，順便讓他訓練訓練新人。

協助你辦活動的話，老張倒是個可行的人選。」

「啊！」宏明忍不住發出聲音，才突然發現有些失態與不妥，連忙閉上了嘴。

但為時已晚。BOSS雖然沒有轉過身來，但背後似乎長了眼睛，「團隊成員如何組成，要用客觀的角度去思考。你現在安排的團隊，有一個很大的漏洞，你知道嗎？」

BOSS轉過身來，用看透一切的表情看著宏明：「這個團隊的效能完全不能互補，你只是以個人喜好去安排團隊成員。」宏明覺得冷汗在背上亂竄，提到團隊運作，BOSS似乎無所不曉。

「記得我剛剛和你說過，團隊就像是一個人的身體吧？」BOSS的聲音裡並沒有怒意，「團隊中的每一個人，都有自己擅長的領域，功能性也不甚相同，主管如果想要領著這個團隊乘風破浪，就得要先組織一個屬於自己的夢幻團隊。」

「夢幻團隊，可不是主管自己覺得開心就好。」BOSS敲了敲玻璃，窗外是一整個業務部。「你的團隊是不是符合了『功能均衡』的成功要件，遠比你主觀的喜好更為重要。」

💼 客觀選角，別被喜好限制住

宏明，很多主管像你一樣，偏好只找與自己投契的成員指派任務，或者是在無意間，尋找了一群擁有相同技能的夥伴組成團隊。這些主管習慣將良好感受和個人經驗放在最前頭，所以他們尋找的夥伴，也多半是和自己同類型，或是覺得自己能夠掌控的人，而非全盤考量團隊運作的功能

性是否均衡的問題。

「並不是說，尋找投緣的組員或是能夠接受領導的人不重要。」
BOSS拿起了桌上的茶喝了一口，這次是他從家裡帶來的上好茶葉，BOSS
臉上滿意得很。

「只可惜，做主管不像喝茶，只撿自己喜歡的喝；而是要像吃飯，
必須講究營養均衡。你不喜歡吃水果，還是得勉強自己補充維生素C，組
織團隊也是一樣。」

在組織團隊前，你有一件更為重要的事情得思考：你的團員能夠在
實踐理想的路上，發揮各自的功能性嗎？

你要記得一句話：「沒有人是十全十美的。」團隊也是一樣，團隊
中每一個人都有弱點和不足，但是，只要當他們聚在一起時，能夠補足彼
此的弱項，這就是一個優秀的團隊。相對的，即使每個人的能力都達均
質，但當他們聚一起卻沒辦法為對方加分，那麼這個團隊註定只會失敗。

「老張的個性，」BOSS將茶一口口地送入喉，起了個頭卻硬是不講
完，宏明的一顆心也被老張的名字懸了起來，「比較謹慎。」BOSS吐出
這四個字時，臉上帶著熟悉的微笑。

「他和你，以及小劉、志偉他們不一樣，你們是屬於熱情行動派，
他屬於冷靜理智派，比較能夠全面分析、辨別情勢，在邏輯控管上較你們
技高一籌。所以，如果他進入你的團隊，就能夠中和一下你們過多的熱
情，可以用比較務實的角度看事情，也會讓事情有效率地分次進行。」
BOSS的語氣很平淡，沒有多說什麼，但宏明知道，BOSS一定對業務部的
勢力拉鋸瞭如指掌。

「宏明啊，」BOSS突然嚴肅了起來，「現在起，你要有當一個主管

的自覺。主管就像是一艘船的船長，是要帶領整艘船駛向共同的願景，在這艘船上，每個人都是你的家人，他們對你的差別，只有功能性的不同！」

* * *

主管為達到用人適才適所，分配工作時應考量的原則如下：

1. 公司現在最需要什麼樣的人；因應公司發展需要培育怎樣的人才。

2. 現在哪些人才能夠解決公司急待解決的問題。

3. 應當如何將下屬安排或更換在適合其才智發揮的工作崗位上。

4. 所挑選的員工會在工作中創造出什麼樣的效益。

5. 應當解除哪些不適合公司發展的「多餘員工」。

稱職的主管不該犯的用人誤區如下：

1. 為了爭權奪利，對人才明升暗降。

2. 拉幫結派，暗中培植自己的黨羽。

3. 為了打擊同事中的競爭對手，分期分批撤換對手的「樁腳」。

4. 利用工作上的不正當分工收買人心，騙取大家的信任。

5. 以不正當分工達到自我欲望的滿足。

6. 根據個人好惡分工，盲目又固執。

BOSS的
私房筆記

◆ 團隊成員如何組成與搭配，要用客觀的角度去思考。

◆ 團隊中的每一個人，都有自己擅長的領域，功能性也不甚相同，主管如果想要領著這個團隊乘風破浪，就得要先組織一個屬於自己的夢幻團隊。

◆ 客觀選角，別被個人喜好牽制。

◆ 沒有人是十全十美的，每一個人都有弱點和不足，但是當他們聚在一起時能夠補足彼此，這就是一個優秀的團隊。

◆ 即使每個人的能力都達均質，但當他們聚一起沒辦法為對方加分，那麼這個團隊註定只會失敗。

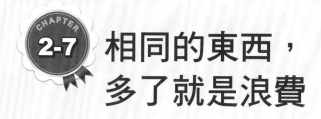

CHAPTER
2-7
相同的東西，
多了就是浪費

 職場生存語錄：

放開心中想掌控一切的欲望，結合流暢的系統，成就完美。

　　想要駕船駛得萬年行，想必一定要有精壯的水手；但是，如果你整艘船都是水手，航行的時間卻長達半年，那麼誰要負責煮飯洗衣？誰與你討論航程方向？

　　一個成功的團隊，絕對不可能充滿「同質性」的人，他們必定是擁有「相同理念」卻有「不同功能」的組合。一個卓越的主管必須先看到，自己的團隊尚有什麼欠缺的功能需要被補足，並透析了解團隊每個人的功能性何在；就像是在船上有哪些人是負責燒菜煮飯？哪些人是負責掌舵？必須是非常清楚的。

　　看清楚團隊每個人的專長，就能夠把他們放在適當的位置，妥善地運用人才，並且持續為團隊精準地吸收新血，補強不足之處進而壯大。

　　「老張就能補強你們不足之處，相信我。」BOSS拍了拍宏明，宏明露出了尷尬的笑容，老張和自己微妙的關係BOSS似乎都看在眼裡。

　　「宏明，你一定要記得，一個成功的團隊並非每個人都得是你的朋友。」BOSS嚴肅地說。

　　我們常會聽到「親信」、「心腹」這些形容詞，用來形容一個人受

到上級賞識和重用，很多主管也有培植親信的習慣，但糟糕的是，他們選擇的人才往往同質性過高，或者純粹是投自己所好。

很多領導者身邊的人才雖然優秀，但這群人七八個腦袋加起來卻只有一種想法，這就是成語說的物以類聚。如果是交朋友，這種習慣無可厚非，畢竟人都喜歡和聊得來的朋友相處；但是，如果是要在職場上拚事業，這樣的組合可就大有問題。因為，團員之間太過相似的思考觀點，代表這個團隊沒有人能發現思維死角；彼此私交太過投契，更有可能因為友情制約而無法客觀面對問題，這就像是許多朋友合資共同創業，最後卻容易不歡而散的道理是一樣的。

做朋友可以各退一步、海闊天空，但做生意、拚事業講究真金白銀、講究真材實料，當團隊中有一個人是沒有功能性的，就算他是再投契的好朋友，也不能改變他無法幫助團隊成功的事實；而一群才能、想法相近的人聚在一起，只會往固定的牛角尖鑽，永遠無法從全方位的視角審視問題。

主管可以說是一個挑戰人性的職位，他必須很理性地切割感情羈絆，用客觀去看清每個團隊成員的「功能性」何在？在功能性的列表之中，並不包括主管自己對成員喜好，如果不能認清這一點，那就會犯下和中國歷代君王一樣的錯誤，不辨忠奸，親信佞臣，或者是重文輕武、重武輕文；這都是主管應該極力避開的盲點。

身為主管，要永遠清楚自己想要的團隊長什麼樣子，功能性該到哪裡，當你決心要帶領團隊進行長達一個月的航行，你就勢必需要一個廚師，因為你不可能讓所有船員餓肚子。

你希望展售會能夠辦得好，除了熱情與行動力之外，還需要有一個能夠務實分析狀況的人才。**每個主管都想要組織心目中的夢幻團隊，但夢**

幻團隊的定義不是人人要有多優秀，也不是每人人非得是主管的好朋友，而是每一個人都不可輕易被取代。

當A能做的工作，B也能夠完成，只可能有兩種狀況。一個是工作量大，需要兩個人執行；另一個可能，就是主管沒有看清團隊的真實需求，才會造成浪費。

有些主管把對個別人才的要求，放到了全體團隊的需求之前，用顛因倒果的選才方式去組織團隊，造成團隊底下全是高能力卻低功能的團員，他們每個人或許都很優秀，卻始終無法補強彌補各自所欠缺的弱點，這不也是身為主管首當該負起的責任嗎？

好主管不僅要愛才、惜才，很多時候，甚至需要有割捨人才的勇氣。因為，一個團隊不可能延攬所有人才，在現實條件的限制下，主管有必要為公司做出最精省、最實際的人員選擇。

舉個最簡單的例子：當你要佈置一間空空如也的新家，你現在最缺的是沙發和電視；你在逛賣場時卻發現冰箱正在大特價，但是，你家裡已經有一個不錯的冰箱，你還會花這筆錢去買一台正在大特價的冰箱嗎？當然不會。因為你要把僅有的經費花在刀口上，就算今天有閒錢，你買下重複的冰箱，回家也只是耗電佔空間，一點也不符合經濟效益。

「如果水手只需要十個人，與其雇用十五個水手，倒不如省下這筆錢替大家加薪，大家還開心點呢。」BOSS打趣地說。

「放生那些人才，看清楚什麼東西對團隊最好吧！」

BOSS的 私房筆記

◆ 一個成功的團隊，絕對不可能充滿「同質性」的人，他們必定是擁有「相同理念」但卻有「不同功能」。

◆ 團隊是不是符合了「功能均衡」的成功要件，遠比主觀的喜好更為重要。

◆ 看清楚每個人的專長，就能夠把他們放在適切的位置，妥善地運用人才，並且持續為團隊精準地吸收新血，補強不足之處。

◆ 夢幻團隊的定義不是人人要有多優秀，也不是每人人非得是主管的好朋友，而是每一個人都不可輕易被取代。

◆ 要清楚自己想要的團隊長什麼樣子，功能性該到哪裡。

2-8 早起的鳥兒不吃蟲

 職場生存語錄：

花90%的時間想失敗，不是負面，而是最積極的思考。

自從BOSS提到老張的優點後，宏明開始留心觀察老張，發現老張是每天固定會在上班前十分鐘就到達公司的人。老張一到公司，就會打開電腦一邊看網路新聞，一邊吃著路上買來的三明治，幾乎不會和公司的其他人互動。老張也是宏明見過最少加班的業務員了，每天總是時間一到，老張就從容不迫地和大家說再見，很少有機會看見他晚上還留在公司，更不用說和同事偶爾出去聚餐了。

業務部裡的人，對老張的評價都是普普，原因大概就是他太過冷漠，獨立完成工作後，也很少幫助同事多做些什麼。

不過，這也表示老張的工作效率確實很好。老張除了業務績效穩定，連BOSS臨時交辦的每一件事項，也都能在預定時間內完成。而且當老張覺得工作量不可能在預期內完成，他也會相當有條理地和BOSS解釋他的看法，從不會讓自己陷入瞎忙的窘境，因此每份工作總是非常準確地完成。

「或許，這是自己向老張學習的好機會。」宏明在心裡暗暗思索。

當宏明提出將老張納入活動團隊的事時，老張的訝異可不比宏明

小。畢竟兩人平常在公司只是禮貌往來，沒事也不會多打招呼，加上繼任主管的心結，老張平常淡然的臉上甚至閃出了一些驚嚇。不過他最後仍然帶著笑容答應了，畢竟在未來的主管面前，這不失為一個表現的好機會。

宏明興致勃勃地和BOSS回報了這件事。BOSS放下手中的企劃案，摘下眼鏡，他現在習慣用午休結束的前二十分鐘，和宏明聊聊職場的事情。

「你瞧瞧，」BOSS挖苦地說，「都坐在對面五六年的同事，你現在才發現他的優點是什麼。若是你當了主管，底下的人才不就要耐得住五六年的埋沒嗎？是人才的老早就跳槽了！」

「以前我一進公司，就只想著一堆工作得處理，一堆客戶得聯絡，倒真的沒有太用心觀察過周遭的人事物。」宏明不好意思地摸了摸頭。

「這一點我早就發現到了，」BOSS點了點頭表示贊同，「你習慣在上班前十分鐘進公司，和同事寒暄不到五分鐘，就開始查看今天的行事曆，時間差不多就直接上工。算是把自己逼得很緊，不過以公司的角度看來，算是挺盡責的好員工。」

宏明嚇了一跳，沒想到自己的一切BOSS都看在眼裡。他知道BOSS總是會提前約半小時來公司，和早來的同事聊聊天話家常，卻不知道原來BOSS把每個人的生活規律記得這麼清楚。

「BOSS，你真是完全符合『早起的鳥兒有蟲吃』這句話呀。」宏明不禁苦笑。

「你這樣說，我可是萬萬不同意，這句話比較像在說你，你每天像個餓死鬼一樣，到了公司只想著要盡快把工作全吃進肚子。切記：以後當了主管，智慧要比這更上一層。」BOSS比了比自己的腦袋。

「早起的鳥兒有蟲吃」是一句老話，它鼓勵很多主管養成了勤奮不

懈的工作習慣。許多管理階層，就像我一樣，一大清早就進了公司，第一件事就是全心投入工作。

「我也很勤奮工作，」BOSS看了看滿桌的文件搖了搖頭，好像在嘲諷自己。「勤奮努力沒有錯，但是只會埋頭苦幹，而沒有張大眼睛看清楚自己的團隊和公司，這可就犯了職場重罪，把一件美事變成了大錯特錯。」

★ 職場第 **12** 大罪狀 ★
活在自己的世界裡埋頭苦幹。

越是早起的鳥兒，就越不該急著吃蟲。早起的鳥兒應該要先看看今天的天氣怎麼樣，身體的狀況怎麼樣，才能夠決定今天要去哪裡覓食，適不適合飛得遠，食物可能會出現在什麼地方？看到蟲子還不能急著吃，先觀察有沒有危險，搞不好「螳螂捕蟬，黃雀在後」，那可就得不償失了。

💼 觀察你的團隊，傾聽真實的聲音

「告訴你一個小秘密，」BOSS特意放低了音量，臉上出現難得一見的淘氣模樣，「每個人進公司所做的第一件事，往往影響這個人對工作的效率和前途發展。根據這樣子去推斷一個人的職場品性，屢試不爽。」

宏明驚訝地張大了嘴，努力回想之前的上班表現。

「到了這個節骨眼，」BOSS哈哈大笑，「你再想也沒用啦！」

　　主管一早到了公司，該做的事情不是進辦公室把門關緊；而是要掌握這個玄妙的關鍵時刻，看看每個同事一早在做什麼？主管要當一隻聰明的鳥兒，在高處觀察形勢，到處看看公司裡的哪隻蟲最有養份，能夠幫團隊帶來最大的能量。

　　團體裡有很多個人行為非常有趣。像是，有的人會提早到公司，利用上班前的十分鐘把早餐吃完，讓自己從容不迫地迎接上班。有的人，則是急匆匆地趕著最後一分鐘才打卡，然後打開電腦一邊慢條斯理地吃早點，順手翻翻報紙。

　　這些看起來微不足道的行為，往往決定這個人的工作態度。主管當一隻早起的鳥，目的不是為了努力工作，而是要將這些事情看清楚，掌握公司團隊的真實樣貌。唯有團隊每個人的行為模式主管都能了然於心，主管才能夠挖掘出團隊中的璞玉，也才能夠看出每個夥伴的心性品格，這些對領導團隊都有巨大的幫助。

　　在你的團隊成員中，依據性格特色大致可以概分為四種不同的類型：蝴蝶型、螞蟻型、蜜蜂型、甲蟲型。每一種不同類型的團員，主管都應該用不同的方式去對應，並且因材施教。

　　「一個優秀的主管想要在職場上叱吒風雲，絕對不是一招半式就能打遍天下，當主管的首先必須知道，團員的葫蘆裡賣得是什麼藥，」BOSS眨了眨眼，「也才制服得了這些心懷各異的團員啊。」

　　蝴蝶型的團員特徵明確，他們花枝招展、好大喜功，是團隊中的花蝴蝶，也是團隊中第一眼會被注意到的人。蝴蝶型的員工擅於交際、懂得應酬，能夠把所有需要互動溝通的事情處理得八面玲瓏，乍看似乎沒有太大狀況，但是，實際狀況如何，就需要明察的主管做進一步探視了。

　　因為蝴蝶型的人太了解自己的優勢，全身上下都有用不盡的小聰

明，在工作上很容易就找到讓人信服的藉口去解釋工作上的缺失，也很容易「說得比做得好聽」，通常事務性的工作都做得較為粗糙，容易小錯連篇。雖然蝴蝶型的下屬能力很強，但逃避問題的功力也是一流，聰明的主管應該規範他們拿出值得信服的工作績效，並善用他們在人際處理方面的天賦，讓他們成為凝聚向心力的媒介與對外的最佳公關。

蝴蟻型的團員，則是一群不懂變通的工作達人。辦事穩紮穩打，工作的執行力很高。螞蟻型的團員做事嚴謹，從他們一板一眼的行事風格就能感覺出來；這類型的人會詳列工作計畫表，讓自己在預定的行程內完成所有進度，通常是團體中最讓人安心的乖寶寶。

他們就像螞蟻一樣，需要遵循一個穩定的工作軌跡才能感到放心。然而，應變能力相對地就略顯不足，臨時的工作調度或是緊急狀況，容易讓他們感到心慌意亂，甚至判斷力會失去平常水準。螞蟻型的團員適合長時程、繁複的行政工作，只要有時間讓他們規劃安排，他們就能呈現一定水準，然而，螞蟻型員工通常創意不足，這也是主管在發派任務時應該考量的要素。

蜜蜂型的團員，是建構型的狂熱天才，總是過著高潮迭起的人生。充滿熱忱時，他們會貢獻出採蜜的熱情，將工作做得出人意料的好；但是，當他們覺得自己所捍衛的理念受到外來侵犯時，他們會毫不懼怕地擺出防衛姿態，就算不和他人正面衝突，你也能清楚感受到他們周遭有股宣示氣壓，不容侵犯。蜜蜂型團員願意為理想拋頭顱灑熱血，因此也不能接受自己的堅持被傷害；動之以情，永遠是引導蜜蜂型團員最佳的方式，主管需要關照的是他們的赤子之心，只要他們認同了共同奮鬥的理由，就無需擔心他們的工作表現。

甲蟲型的團員，在職場上始終是伺機而動的防禦者，永遠是團隊中

低調的一群。但是，他們的沉默與螞蟻型不同，甲蟲型團員給人的感覺並非埋頭苦幹，而是深藏不露的感覺。甲蟲型的團員總能達成主管交辦的任務，主動性跟永續力卻不高；即使有工作能力、企圖心，卻又溫吞而遲緩，活在自成一格的小天地。

甲蟲型團員是最需要放對位置的一群，他們的工作熱情遲鈍，更需要主管發掘他們特殊的長才和領域；他們普遍有層極厚的外殼，就算你刺激他們、驅趕他們，也很難立刻激發內在的積極性。甲蟲型的團員需要一個明確的誘因，只要讓他們知道工作能夠得到自己想要的報酬，就能讓他們自發性地動作。因此，主管最需要的就是找到，甲蟲型團員最在意的是什麼？才能將他們的潛能激發到極致。

宏明張大了嘴，恍然覺得自己像是回到了國中生物課；想必這套「昆蟲分類法」是BOSS的得意理論，不知有多少人聽了之後，像自己一樣瞠目結舌。

「每個人在職場上，都像帶著保護色或是擬態的昆蟲。」BOSS清了清喉嚨，面不改色。「畢竟，你要團員認清並坦誠自己的優缺點，實在是違反人性、也太殘忍了。他們實際上是什麼類型的昆蟲、適合什麼工作，就必須仰賴主管的一雙慧眼了。」

職場上，主管再怎麼可親，人們往往會在上層現身時帶上假面具，讓自己的表現看起來比較好、比較認真，這是無可厚非的人性。但是，只有一個時候藏不住，那就是非工作時段。

「在上班前短短的五分鐘，是所有團隊內心最鬆懈的時刻，他們真實的人生態度，以及心中慣性的行為，往往都在這個時候透過小小的動作或言語表露出來。你不一定需要和團員開口講話，只需要觀察他與同事的互動、獨處時做些什麼，再輔以他的工作表現做推斷，多半就能猜出這個

人是什麼類型。」BOSS刻意用一種老江湖的口吻，娓娓道來他多年的閱
人祕訣。

BOSS的
私房筆記

◆ 進公司所做的第一件事，往往影響到這個人對工作的看法和前途
發展。

◆ 主管當一隻早起的鳥，目的不是為了勞力工作，而是要將這些事
情看清楚，掌握公司團隊的真實樣貌。

◆ 唯有透析團隊每個人的行為模式並且都了然於心，主管才能夠挖
掘出璞玉。

◆ 在上班前短短的五分鐘，是所有團隊內心最鬆懈的，他們真實的
人生態度，以及心中想法，往往都在這個時候透過小小的動作或
言語表露出來。

◆ 在不經意間展露的真相，往往最具震撼性。

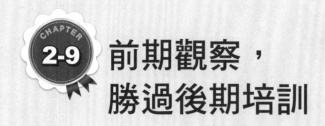

CHAPTER 2-9 前期觀察，勝過後期培訓

 職場生存語錄：

你無法主導人們的選擇，卻可以提供一個更好的決定機會。

還記得我告訴過你，很多人當不上主管，不是因為能力，而是因為心態嗎？一個人能不能發揮全力，要看他用什麼心態來對待自己的工作，主管的任務，就是透過觀察，從細小的環節看出每個人的心態和狀況。

「我常聽一些朋友抱怨：好團隊難找。」BOSS笑著搖了搖頭，「我的那群寶貝朋友，自行創業當老闆，卻總是覺得聘雇來的夥伴沒一個能夠符合自己的期望。在他們的眼中，這些團隊不是能力不足，就是做事心態可議，常常陽奉陰違地做一些拖累公司效益的勾當。」

這些朋友最常怨嘆的一件事，就是現在的團隊，尤其是年輕人，一個個腦子裡都不知道在想什麼，心態也都扭曲不正，常常花了許多心思培養一個人，結果對方不是半路跳槽，就是說一套做一套，糟蹋了自己一番美意不說，更耗掉不少公司成本。

耳聰目明全面傾聽

想要培養一個優質團隊真的不容易，所以為了不要讓自己白費時間

在不必要的人身上，在召募團隊時貨比三家就非常的重要。而從一個主管的角度來看，要怎麼樣培育出值得信任的成員，前期的多方觀察，往往比後期的培訓更有效率。

「所以，」BOSS瞇著眼睛，指向窗外的業務部，現在是午休時間，有人正在午睡休息，有人正在上網瀏覽，而老張正在看著下午的客戶資料。「我向來很支持主管在適當的時機走入團隊，去了解一些工作以外的事情。老張總是用午休時間做下午的工作，所以他才能準時下班。如果我沒張大眼睛，我能知道這些嗎？」

主管能觀察團隊的時間很多，可能是上班前的十分鐘，或者是午休時偶爾和團隊聊聊天，不用太過嚴肅，或是非要針對工作議題。你甚至可以聊聊最近熱門的新聞，或是最近辦公室內的改變，這些生活化的話題都能協助你了解對方的價值觀和人品，這些資訊的背後其實都決定了對方在工作上的表現。

「甚至，」BOSS眨了眨眼，「你還可能因而避免犯下誤信奸人的錯誤。」

宏明笑了出來，嘆了口氣道：「常有人說，茶水間是交換八卦的場合，看來我今後要常去那裡走走，交換一些有用的訊息才是。」

「有道理，」BOSS被逗得撫掌大笑，「只不過，這句話的真實性，我只能給予一半的肯定。」

傾聽之後，還要適時的安撫

不可否認，我們能透過觀察，去評估公司內部的實際狀況。有些時

候，主管應該打開耳朵傾聽團隊間的溝通；但有些時候，主管卻應該要關上耳朵，讓那些流言自行消散，並用自己的智慧，去辨別這些聲音當中，是不是傳遞了團隊的心聲、恐懼、團隊的真實氣氛？哪些聲音純粹是造謠和宣洩，對團隊沒有建設性？

一個主管，如果只會待在辦公室裡苦幹實幹，他搞不好根本不清楚，辦公室內早就流傳著公司即將倒閉的傳言。這可能不是真的，但是卻會大大影響團隊的工作效率和向心力，但是這些事情怎麼可能從團隊口中得知呢？你只能透過觀察、推測，一步步地從許多蛛絲馬跡中，留心推敲出每個團隊，以及整體團隊的工作狀況，並在適當的時候止血，將團隊引導到正確的方向。

優秀的主管，要能將有效的資訊，當成提升團隊的建議，也要有放任團隊宣洩壓力的雅量。「人嘛，」BOSS聳了聳肩，「如果不偶爾抱怨抱怨工作，罵罵主管，那麼連我都要覺得他心理不正常，太壓抑了。如果主管連這點宣洩的管道都要控管，那就太小題大作了。」

宏明笑出了聲，BOSS一副老神在在地說：「你們背地裡咒罵了我多少次，你以後當上主管就知道厲害了。」

＊ ＊ ＊

主管要時常走出自己的辦公室，實際去瞭解員工的工作狀況，多聽聽員工的心聲或建議，並給予加油打氣。和屬下溝通時，你會聽到真心的建言也會聽到無謂的抱怨，有些員工喜歡發牢騷，那通常只是一種情緒的發洩，做主管的只要當好一名忠實的聽眾，並適時表示一些自己的理解，不必過多地責備或下評斷，如果員工抱怨的情緒很激烈，就要適時安撫他的情緒。因為他們之所以會有情緒，不是對事情本身的不滿，而是對沒有

發言權不滿，如果主管能耐心地聽員工把話說完，他的情緒也就會隨之平息了。如果主管能多傾聽員工的意見及建議，並且不只聽一兩個人的說法，而是聽很多人的說法，然後做出自己的判斷，就能糾正或避免自己犯下偏聽的錯誤。

另外，多參與同事或上下級之間的非公事活動，除了可以凝聚向心力，多與各級員工聊天，關注他們談論的事情，瞭解他們的心態及風格，往往能獲得許多意想不到的資訊。

BOSS的
私房筆記

◆ 主管要多觀察形勢，看看誰能夠幫這個團隊帶來最大的能量。

◆ 透過觀察，從細小的環節看出團隊的心態和狀況。

◆ 一個人能不能發揮全力，要看他用什麼心態來對待自己的工作，而主管的任務，就是透過觀察，從細小的環節看出團隊的心態和狀況。

◆ 有些時候，主管應該打開耳朵傾聽團隊間的溝通；但有些時候，主管卻應該要關上耳朵，讓那些流言自行消散。

◆ 要培育出值得信任的成員，前期的觀察，往往比後期的培訓更有效率。

◆ 主管要能將有效的資訊，當成提升團隊的建議，也要有放任團隊宣洩壓力的雅量。

2-10 創造問題，
而不是直接給答案

 職場生存語錄：
成長的精華就在接納改變的現況，創造新契機。

隨著展售會日期推近，宏明察覺到越來越多問題浮出檯面。

小劉被調出小組後，遇見宏明還會酸幾句：「新主管，才開始就給我下馬威，不給我表現機會嘛。」不過小劉畢竟是明白人，玩笑歸玩笑，還是挺認份地和客戶進行接洽。

讓人頭痛的反倒是志偉的失常表現，完全讓宏明始料未及。志偉在聯絡廠商時頻頻出狀況不說，對於團隊運作的換血調度，頗有微詞：「也不是老張不好，只是合作起來沒什麼默契嘛。」但是，宏明很清楚這不是老張的問題。老張出乎意料地表現不錯，無論是活動發想或是流程規劃，幾個建議都讓宏明眼睛一亮，甚至覺得自己被威脅到了。

面對志偉丟出的疑問，宏明得要不斷解答。為了省麻煩，宏明有時乾脆自己動手，連和志偉溝通都免了，卻讓自己忙得分身乏術。

坐在BOSS面前，宏明顯得無精打采，BOSS出聲詢問後宏明才娓娓將問題說出。

BOSS點了點頭說：「簡單來說，你覺得自己能力不足？」

「對。」宏明洩氣地說，「很多時候，我覺得老張甚至處理得比我

好，讓我覺得自己沒資格當主管。」

「這就好笑了，」BOSS搖頭晃腦，一副老頑童的模樣，「有一個能力優秀的團隊組員，應該是主管的最大福氣，怎麼反而讓你感到洩氣了？」很多人都有根深蒂固的刻版印象，當主管的一定要精明幹練，最好是能力卓絕；什麼事情丟到主管手上，天底下就沒有他解決不了的難事。

「我得說，這是天大的糊塗！更是大錯特錯。」宏明發現，BOSS私下挺愛出口成章的。

★ 職場第 13 大罪狀 ★
不停解決問題的老媽子主管。

你想想，如果一個主管什麼都會了，那他底下的團隊究竟還能做什麼？你知道嗎，當一個主管能夠解決的問題越多，也就表示他底下的團隊越無能。就是因為團隊無法解決問題，所以才會勞駕主管不斷出馬。而一個太會解決問題的主管，往往也會養成無能的團隊。

宏明覺得自己被刺中要害，一時說不出話來漲紅著臉。

「說穿了，」BOSS挑了挑眉，「你只不過是自尊心以及身為主管莫須有的尊嚴在作祟，總覺得自己一定要樣樣精，才會這麼痛苦；提醒你：你反而該擔心自己的團隊，若是大小事情他們總是找你幫忙，該要怎麼辦才好？」

「可是，一個主管不幫忙解決問題，那要主管幹什麼呢？」宏明充滿不解。

「創造問題。」BOSS面露微笑，宏明一度懷疑自己聽錯了。

你沒聽錯，一個好主管是要不斷地創造問題，主管應該做的不是給予團隊明確的答案，而是給予團隊一個可行的大方向，讓團隊自發地去思考問題的答案。

有很多主管因為自己的經驗豐富，在執行業務上為了求快與表現，所以習慣用自己的經驗指導團隊做事。當然，表象上團隊的效率是有了，因為他們會立即執行交辦事項，贏得短暫成效；但是，在長遠看來，標準答案的僵化管理，勢必只會帶來團隊成長上的萎靡。

相信你一定聽過以下這些熟悉的藉口，當今天團隊做錯了事，被公司指責時，總會有人大聲跳出來為自己抗辯：這又不是我的主意，我只是照著主管的指示去做的！人性就是如此，當你告訴他們「照做」，團隊就真的只會「照做」，而不會思考裡頭的對與錯，也不會因應情勢改變而調整做法。心想凡事一旦出了問題，只要將責任從自己身上推開就能自保，因為自己只是主管的執行工具。

「如果你用這種模式繼續協助志偉，」BOSS眼睛閃出一絲光芒，「這就會變成他的台詞，但這還不是最糟的狀況！」

如果團隊認為自己只是聽命行事的工具，那將會失去自發性投入工作的幹勁。簡單來說，團隊會覺得這件事，不過是主管的事、公司的事，而非自己的事，因而失去成就感和參與感，更不會自覺是這個團隊的一份子。當團隊裡的所有人，都認為自己只是一顆任人擺佈的「棋子」，工作起來將不會有熱情或是衝勁，更不可能會想盡辦法讓事情做得更好。

蘋果公司創辦人賈伯斯非常了解「熱情」對公司的影響力，因此，不論在思想教育或是實質鼓勵，他為員工向心力的營造付出了巨大心血。賈伯斯常常透過熱情的演說，讓員工相信他們正在執行的產品是「全世界最酷」、「最具有突破性成就」的，他曾經自豪地說：每個蘋果電腦的員

工都是改變這個世界面貌的一份子。

根據蘋果電腦前員工的描述，公司常常有很多人加班到半夜，而且都是自發性地留下。蘋果電腦的工作不算輕鬆，壓力也非常大，卻有很多人在離職之後念念不忘，甚至有很多員工表示，他們在蘋果電腦公司工作的時候，覺得自己真的有「走在世界最前端」的優越感。

更不用說蘋果電腦在矽谷一直是福利制度的楷模，公司提供優渥的認股權，讓每個員工都能夠以優惠價格認購蘋果的股份，公司經營的成敗進而影響這些認股員工的股價，當公司的獲益變得和員工的獲益息息相關，他們自然願意讓公司變得更好；而這些自動自發的員工，正是讓蘋果電腦持續強盛的最大原因。

宏明，現在我給你一個選擇：要上戰場了，你希望手裡牽著的是一匹認命的驢子，或是一匹蓄勢待發的駿馬？哪個能發揮最大戰力，並讓你輕鬆獲勝？

「嗯……」宏明說：「駿馬。」

「對，」BOSS微笑，「我想不會有人選一頭認命的驢子，因為牠們只能馱物，若要求牠們上戰場殺敵，驢子根本沒有這麼大的衝勁和能耐。同樣地，如果你習慣用直截了當的答案去帶領團隊，就像你現在對志偉所做的，很快的你就會將團隊訓練成一頭老邁無力的驢子，而非健壯勇猛的奔馳駿馬！」

* * *

最糟的主管就是凡事都習慣直接自己做！和碩的研發中心總經理鄭光志說：「一個口令一個動作，雖能解決短期問題，長期來說卻不是最好的方式，主管什麼事情都不放心，都要管，最後就是大家都不敢做決定，

沒有成長機會。」他指出開會時面對部屬提出的問題，他往往不直接給答案，而是誘導資深員工分享經驗，一方面讓資淺員工學到執行面的處理方法，另一方面則等於肯定資深員工，讓老鳥發揮帶菜鳥的功能。

該放手的就要放手，唯有弱化主管自己的才能，才能讓整個團隊充滿活力。一個主管若凡事躬親，他底下的員工必然是缺乏主動性及創造力。主管太勤快，員工就產生了依賴感，新人難以成長，能人沒有成就感，人才就很難留住。主管應該有所為有所不為，只做該做的事，只教導方法，讓員工自己去找答案，才能刺激他們成長。因此，主管要懶一點，只要告訴他們該做什麼及方向和建議，至於實際的執行讓底下的人自己去發揮，讓他們去勞心勞力，這樣員工們才有發揮才能的機會。

BOSS的私房筆記

◆ 當一個主管能夠解決的問題越多，通常表示底下的團隊越無能。

◆ 太會解決問題的主管，往往也會養成無能的團隊。

◆ 好主管是要不斷創造問題，而非給予團隊明確答案。

◆ 卓越的主管會給予團隊方向，讓他們自己去思考問題的答案。

◆ 如果團隊認為自己只是聽命行事，將會失去自發性投入的幹勁。

◆ 當團隊裡的所有人認為自己只是一顆「棋子」，他們工作起來不會有熱情，也不會想盡辦法讓事情做得更好。

◆ 人性的本質會為了與自己有切身利益而拋頭顱，卻不會投注百分百的心力在與自己無關的事情上。

The successful leaders' know how

2-11 有撞擊，才會有新的火花

 職場生存語錄：

型塑團隊風格，足以改變事業成就。

一個卓越的主管絕不會用標準答案去僵化團隊發展；相反的，卓越的主管懂得要透過提出問題去刺激團隊。藉由提問，讓團隊產生「問題我得自己解決」的自覺，而不是「主管會告訴我怎麼做」的心態。

你想必聽過麥肯錫這家公司的名號，它是全球知名的管理顧問公司，就像企管界的頭號名牌，全球據點眾多，專為一流企業提供商務諮商服務。

麥肯錫公司的一位主管曾說：「沒有問題，本身就是個蠢問題。」他們公司的經營不信奉「標準答案」，也不把員工「沒有問題」當作好事；相反的，員工心中的疑問應該越多越好。如果有「制式答案」，那所有管理顧問公司用的都是同一套模式，麥肯錫公司又要怎麼領先群雄？

麥肯錫公司的主管強調：「我們鼓勵小組成員思考，而不是照本宣科地執行，當顧問在替客戶執行分析時，需要的往往不是守則，而是天馬行空的設想，經過我們多次嘗試，發現這往往能夠激盪出最棒的成果。」

麥肯錫公司將解答空間還給團隊，將每個員工訓練成能力卓絕的好手，擁有自主解決問題的能力，也因為他們沒有聽從命令的習慣，而是根

據思考、討論去協調出最佳執行法，所以麥肯錫公司才能成為最卓越的管理顧問公司。

另外，記得我告訴過你的嗎？唯有團隊和主管一起共同成長、提升，才能顯示出主管是優秀的。所以，重點是——幫公司培養出更多高手，遠比主管一個人英明神武還要重要。

不要急著解決問題，主管要從較高的角度給予團隊指導；立刻解決問題只是阻擋團隊創新成長的路。給予團隊一點時間與耐性，搞不好團隊能夠自行發想出更好的想法，而主管的解答反而會壓抑他們的創意。卓越的主管好比是權謀家，要懂得運籌帷幄；當一個主管必須有一點耐性，懂得給團隊彼此衝撞的空間，只要在團隊走錯方向時，適時現身提示點想法就行了。

「像你現在經驗還不足，不確定事情怎麼做才正確，最簡單的方式是你可以來問我；雖然我不會告訴你該怎麼做，我卻能引導你能從哪幾個方向去思考。」BOSS這時露出了和煦的笑容，就像一個知無不言的長者，「但是，日後你獨當一面之時，你則必須有一套全面的策略思維，能夠去引導團隊自行解決問題，而不是當個嘮叨的老媽，跟在後面幫他們擦屁股做善後。你是領導團隊的主管，可不是他們的機動組員。」

當問題出現時，身為主管的你要先思考清楚有哪幾種解決的方法，全盤思考過後，然後回過頭來問團隊：「如何做？」重點是在團隊做了回應之後要問：「為什麼這麼做？」反覆經由如何做與為什麼這麼做這兩個問題，操練團隊的思考能力與解決問題的反應力；當主管的要有耐性等待團隊從摸索中成長，並忍住自己出馬解決問題的衝動，只在必要時給予參考元素，去豐富團隊的多元連結能力。

「但是，」宏明不服氣地說，「如果團隊一直無法思考出解決的方

法，我總不能讓他們無止盡地摸索下去吧？」

「對！說得沒錯。然而，還是有比直接告訴他們答案更好的解決方法。」BOSS回答。

假設我是主管，今天我知道最佳的解決方式是A方案，可是團隊卻一直在B方案和C方案之間打轉，兜兜轉轉找不到最佳的處理法；此時我應該做的，並不是直接告訴團隊A方案，然後叫他們照單執行。我可以請團隊把B和C方案整理出來，並丟出一個問題給他們思考：如果B和C的方案是往東邊走，那你們是不是試著想想，如果往西邊走會有什麼結果？

如果團隊還是找不出適切的解決法，我會試著再提出：經過大家多日的思考，加上我的經驗值來綜合整理，我建議不妨從A方案試著去補強，大家覺得如何？

這兩個做法都好過直接給予答案，最起碼團隊能夠有過B和C方案的經驗，再接受一個嶄新的思維時，自然能夠比對兩者之間的優劣，進而讓自己學到東西。

一個卓越的主管，應該引導團隊往A方案的方向前行，而不是武斷地告訴他們用A方案做事，更不是不斷地在B方案和C方案的迴盪裡持續給團隊挫折。因為前者會造成團隊疲乏沒有成就感，後者則是嚴重打擊士氣，讓一切更沒有效率。最重要的是，在過程當中，團隊能夠同時思考與實際領略到A、B、C三個方案的優缺點；搞不好團隊從中能夠創造出更好的D方案也說不定。假使，主管只知道用A方案去領導團隊，那麼團隊真的只能用一招一式闖江湖了！

「我曾提過，主管不該只追求自己的成就，而應該將公司和團隊的成就都考量進去。」BOSS看著宏明，像是要考驗他還記不記得。宏明連忙點了點頭。因此，一個好的主管應該透過對團隊問出「好問題」，藉此

刺激團隊以及公司，去思考、去創造，進而驅使團隊培養出適合自己的解決方法。

「『為什麼？』這三個字，比告訴團隊『怎麼做』用處更大。」BOSS笑了笑，「主管是藏鏡人，不到最後關頭，千萬不要搶著上前線。這不是逃避，而是要讓團隊有獨當一面的機會。」

把主管勇猛善戰的形象拿掉，開始以策士自居，你會發現經由不斷提問「為什麼你要這樣做」、「接下來你會怎麼做」，就能讓整個團隊的思維和創造力動起來，注入一股源源不絕的進步活力。

＊ ＊ ＊

透過引導，可以讓部屬逐步朝自己心中的想法去思考。讓員工有自己思考和判斷的空間。聯強總裁杜書伍分享他的經驗談時提到，為了要讓員工更獨立思考，他採用「引導式思考」的溝通方式，也就是不給答案，用問題誘導他們自己思考。一開始，當員工自己都沒想法，便帶著問題來找他討論，他會先反問對方：「你說該怎麼辦？」然後閉嘴，逼對方擠出想法來，然後繼續發問，直到對方完全沒想法，他才會給提示。

儘管已知道答案或原因，當部屬提出想法與做法時，仍然可以多問「為什麼」，或假設不同情境，刺激他們的思考，跳脫原有框框、找到答案。這樣有助於確認他是否理解目標、注意細節，和主管自己的考量一致。因此，不要急著給答案，也不要完全放手不管，要讓他從中學習。

BOSS的
私 房 筆 記

◆ 一個主管，絕不能用答案去僵化團隊，相反的，要透過提出問題
去刺激團隊。

◆ 讓團隊有「問題我得自己解決」的自覺，而不是「主管會告訴我
怎麼做」的心態。

◆ 不要急著解決問題，主管要從較高的角度給予團隊指導；立刻解
決問題只是阻擋團隊創新的路。

◆ 主管要有耐性等待團隊摸索，並忍住自己出馬的衝動，只有在必
要時給予參考元素去豐富團隊的想像力。

◆ 透過對團隊問出「好問題」，刺激團隊以及公司，去思考、創
造，進而驅使團隊培養出適合他們的解決方法。

◆ 「為什麼？」這三個字，比告訴團隊「怎麼做」用處更大。

◆ 「為什麼你要這樣做？」「接下來你要怎麼做？」，就能讓整個
團隊的思維和創造力動起來，注入一股進步活力。

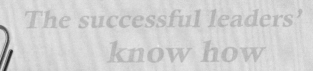

The successful leaders' know how

Chapter
第三章
03

傑出主管的
四方溝通能力

Work place survival collected sayings

所有人和人之間的互動，我們都能夠稱之為溝通。溝通無所不在，於是有人問，還有什麼好學習的？**溝通從來就不是單向的技巧，而是運用諸多感官的一門藝術。**許多人侷限於既有認知，覺得溝通就是靠著「舌燦蓮花」的語言技巧就能成功。

事實上，溝通從來就不需要辯才無礙，最高段的溝通需要閉上嘴，用耳朵聆聽對方的感受。良善的溝通需要經過包裝，運用生動又簡單的話語，去讓對方明白自己的理念。溝通也需要邏輯重組的清楚思維，與人溝通前先在腦中將想訴求的議題去蕪存菁，令傳遞的訊息能化繁為簡。有效的溝通，更不是單向給予指令，而是透過問題的引導讓雙方一步步達成共識。

讓自己困死在對溝通既有的刻板認知裡，只會讓你在溝通上處處受阻，唯有掌控溝通的四方能力：「聽，說，想，問」你就掌握了人際之間的交流祕道。

堅守底線，曲線向前

 職場生存語錄：

統御領導存在於自我精神管控，而不是職位高低。

看了看牆上的時鐘，十一點半，宏明發現自己回家又晚了。

離展售會不到兩星期，宏明參考了BOSS的建議，只給志偉建議方針，剩下的問題要他自行處理。志偉一開始抱怨連連，但宏明搬出了主管臉孔，再拿BOSS的名義壓了壓，志偉也不敢多說，摸摸鼻子一切自理。宏明這時才明白，志偉根本是懶得處理而不是做不到，原來自己太過自以為是地寵愛團隊，真的只是累死自己，又剝奪團隊自我成長的機會。

宏明嘆了口氣，默然地把西裝脫下，啃起手中發涼的便當，突然聽到有聲音從背後傳來。

「怎麼現在才回來，」宏明轉過頭，老婆一臉睡眼惺忪，披著件薄外套微慍地問：「我還幫你留了菜。如果不回來吃，起碼說一聲吧。」

老婆望向宏明手上端拿的便當，臉色越發地難看。「真把家裡當旅館了，想回來就回來。」宏明沒力氣和老婆再多做爭辯，事實上，最近這幾個月，宏明一回家早已累癱了；除了上次提到半年後會接任主管的事，接連的這兩個月來，宏明只和她提到自己正率領團隊在忙展售會，回到家裡常常倒頭就睡。這樣一想，老婆有怨言也是最近開始的。

「對不起，我太忙了！忘記給妳打通電話，告訴妳來不及回家吃飯了。先不要談這個吧，」宏明有氣無力地說，「小宏睡了嗎？」

「早就睡了，他一直惦記著星期日要去兒童樂園玩，你可別忘了！」老婆語氣帶著一絲幽幽的冷淡，離開前還丟下一句，「就像上次爸的生日一樣。」

「該死。」宏明在心裡暗罵。

屋漏偏逢連夜雨。隔天中午，宏明看了看行事曆，眼角瞥見星期日的工作。

「天殺的，」宏明不禁咒罵出聲，「怎麼會忘記這回事。」

由於企劃部和業務部平日行程滿檔，要敲出跨部門共同的討論時間非常困難，於是決議在這個星期日一同到會場看看，順便敲定展售會的整個活動流程。

這個會議不到不行，可是早與小宏約定好的兒童樂園之旅怎麼辦？

掙扎著思考許久之後，宏明揪著心硬著頭皮拿起了話筒；電話響了半餉，老婆沒接電話。看來可以等中午與BOSS會談後，再來面對這件事，宏明不覺地舒了口長長的氣，自嘲地想已分不清楚是鬆了一口氣，還是無奈的嘆息。

今天BOSS明顯是有備而來，因為他在辦公室的白板寫下大大的「溝通」兩個字。

「開場有點八股，」BOSS心情看來很好，有句老生常談：「溝通能力很重要。」

這件事雖然大家都知道，可是當我們在職場上提到溝通，多數人都

會用偏狹的角度去理解，許多人把溝通技巧，當成是「說服別人」的武器，好像職場的溝通非得是一場戰爭，一定要分出輸贏。

善於溝通不等於伶牙俐齒

事實是，溝通的意義很單純，不過是雙方理念和感受的交換。透過交換彼此的想法和感受，站在對方的立場評估自己的要求，藉此商議出一個讓彼此都感到舒服的結果。這就是互動溝通希望達到的目標，也是我之前和你提到過，為彼此贏取雙贏的策略思維。

「我常常發現，有很多人對於互動溝通感到害怕。」BOSS用嘲諷的口吻說道。「當我說：這個人非常擅於和別人溝通。大多數人心裡會產生兩種聯想：第一個聯想，這個人一定是伶牙俐齒，一張嘴總能說得天花亂墜，把錯的都彎成對的；或者是，這個人說話一定是咄咄逼人，和他交涉肯定會被釘得滿頭包，人人都得屈服於他。也因為這樣謬誤的聯想，絕大多數人會將溝通和麻煩劃上等號。

而當我們提到卓越的主管時，通常第一個會聯想到精準的溝通能力，也就是會把上述的印象帶入：當主管一定要巧舌如簧，說話一定很有威嚴，溝通方式一定很強硬，有催眠對手的力量。」

「你覺得這是主管必要的溝通能力嗎？你覺得被我催眠了嗎？」BOSS用筆敲了敲白板。

溝通的第一步是傾聽

錯了！卓越的溝通能力，並不像大家以為的這麼霸道，也不是用一

張嘴去說服別人。無論任何溝通，都得從閉上嘴開始，因為溝通追求的結果不是「壓制」，而是「了解」，透過了解，才能找出解決問題的方式。

在商場上最常被忽略的五感之一，就是如何打開心去「聽」，傾聽才是溝通最重要的第一步。台積電董事長張忠謀，曾經在演講中提及自己的成功祕訣，那就是傾聽。當時有很多人不能理解，為何「傾聽」要比「說話」還重要？因為傾聽這項功課，似乎是每個人生來就會的能力。然而，卡內基訓練卻公佈了一項驚人的統計，有70%的受測者都是不及格的傾聽者！

張忠謀談到，溝通能力是領導者最不能欠缺的條件，尤其在上位待久了，很容易被江湖經驗蒙蔽了耳朵，只顧著分享自己的想法，卻忘了先從別人身上得到資訊。當你懂得先把嘴巴閉上然後傾聽，對方的需求與想法才能進到你的耳裡、你的心裡；唯有當你真切地傾聽到你的下屬和夥伴的聲音，你所帶領的團隊才有可能維持平衡不墜。

「傾聽……」宏明默念著BOSS的話，腦子裡卻浮現出兒童樂園。BOSS繼續往下說。

既然溝通是為了相互了解，那麼又怎麼會有說服誰的問題呢？主管有主管的立場，他必須從團隊運作的角度去處理問題；團隊有團隊的立場，因為他們是實際執行者；雙方遇到問題時，都會有自己難為的地方。

假使主管的溝通純粹以說服團隊為前提，團隊只會覺得，主管完全沒有設身處地了解他們的難處，因為在前線被砲轟的不是主管。從此主管會被團隊貼上標籤：不知民間疾苦。這樣一來，主管和團隊之間的互信就會產生難以密合的裂痕。

「所以，開始溝通前你先得放下成見，然後做一件簡單的事，」BOSS做了一個將嘴巴拉上的手勢，「提問，然後閉嘴。」

問對方怎麼了，然後閉上嘴，專注傾聽對方。聽聽對方遇到什麼困難，依對方的角度，是怎麼理解和感受這件事，是否已經有計畫要怎麼解決，甚至有什麼樣的資訊是未被公開的？這些種種聲音，都只有當主管閉上嘴巴時，才能夠從團隊身上得知。一個叨叨絮絮的主管是絕對不會知道這些事情的，因為當團隊站在你的面前時，他們還來不及張嘴報告，你可能就已經自顧自地講起大道理，完全不會留解釋空間給團隊發聲。

「如果你變成這樣的主管，我會說，你的團隊將了解你比你了解他們的更多！」BOSS臉上又是一陣促狹的笑意。

傾聽你的團隊，能夠協助你們共同達到更有效率的溝通，當一個團隊能夠坦率地表達自己的感受和想法，彼此的溝通才存在意義。

BOSS話說到一半，有人敲了敲房門，小劉探進頭來：「抱歉，宏明家裡找，似乎是急事。」BOSS揮了揮手，宏明趕緊走出辦公室，回座位接了電話。是老婆，宏明突然覺得胃整個抽搐起來。

解釋完畢，電話另一端是長長的沉默。「星期日的會議無法改期，展售會迫在眉睫，兒童樂園之後總是有機會的。」宏明解釋道。

「當然，都是你說了算，那你就回家和小宏好好解釋！」宏明聽到電話那頭傳來憤怒的聲音，接著砰地一聲，傳來電話的嘟嘟聲。

「喂，喂！」宏明拉高聲調喊了幾聲，心中也有點惱火，難道不能多體諒一些嗎？宏明一抬頭，才發現自己有點失態。同事都微微側目，但宏明一掛上電話，他們又立刻佯裝沒事。

緊蹙著眉頭回到BOSS辦公室，宏明卻發現BOSS一雙眼睛犀利地望向自己。

宏明感到有些難為情，才想開口解釋一番時，BOSS卻單刀直入地

問：「雖然，我不想涉入你的家務事，但是剛剛那通電話，我想我還是得關心一下狀況。」

宏明有點囁嚅：「只是一些小事……」

「不是我雞婆，」BOSS語調平靜，「而是私生活狀況會影響工作效率，尤其會影響我的繼任主管，所以我必須在狀況發生前先止血。」

宏明只好有點尷尬地說明了大致狀況。

「我要提醒你，」BOSS偏著頭思考了一下，「這也回到我剛才說過的『傾聽』。」

＊ ＊ ＊

在與人溝通中透過換位思考，不僅能夠讓我們得到別人的理解和支持，也有助於我們能更好地瞭解別人，促進相互瞭解、尊重，建立信任關係，營造良好的人際關係，提高團隊凝聚力。

換位思考就是將自己置身於對方的立場和角度，關注對方感受，瞭解對方的確切需求，針對對方的需求去思考，也就找到了順利解決問題的鑰匙。

生活中的諸多不快、矛盾的發生，往往來自於大家只從自己的角度思考問題，如果能夠互相瞭解、互相理解，或許就根本不會發生。為了避免這樣的錯誤，就得學會換位思考，在觀察或處理問題，思考該如何做時，把自己擺放在對方的角度，對事物進行再認識、再分析，就能得到更準確的判斷，說出的話也才能真正說到別人的心窩裡。

在職場上我們常會被要求在站在比自己高的角度去看事情，不要只站在目前的高度，所以我們會抱怨主管資源分配不公平、公司做了奇怪的決策，但你是否也曾站在主管的角度去思考他的決策是否正確呢？當你進

行這種角色轉換時，就會驚奇地發現自己還有許多需要改進的地方。

　　良好的溝通建立在相互理解的基礎上，因此處理事情時，不僅要立足在自己的角度，而且還要站在對方的立場上換位思考，以對方的思維或視角來考慮問題，找出對方的在意點，進而提出雙方都能夠接受且對企業有利的建議和對策，最終解決問題，實現雙贏或多贏。

BOSS的
私房筆記

◆ 溝通是雙方理念和感受的交換。

◆ 站在對方立場替對方設想，藉此商議出一個讓彼此都感到舒服的結果，這就是溝通希望達到的目標。

◆ 無論任何溝通，都得從閉上嘴開始。

◆ 溝通追求的結果不是「壓制」，而是「了解」，透過了解，才能找出解決問題的方式。

◆ 開始溝通前你先得放下成見。

3-2 除了傾聽團隊，更要傾聽家人的聲音

 職場生存語錄：
沒有信任就沒有溝通，當然也就無了解可言。

「不要以為一個主管該注意的傾聽，只存在與團隊之間。頂尖的卓越主管，懂得將溝通的觸角延伸至上級長官、對朋友、對家人、甚至對情人，藉著傾聽全面的回饋意見，這些聲音都會協助你在職場表現得更好！」BOSS語重心長地說。

「這……也能幫助我成為好主管嗎？」宏明苦笑道。

「不要懷疑，」BOSS意味深遠地笑了，「私生活的圓滿，絕對會影響你的職場前途。」

要知道，人多半都是「當局者迷，旁觀者清」。身為一個主管，要看見團隊每一個人的缺陷很容易；但是，我自己的缺陷誰肯告訴我？這個時候，找一個上司、一個朋友或是家人，和你坐下來好好的聊聊現狀，往往可以釐清很多方向。

生活的圓滿是工作效能最好的燃料

千萬不要小看了私生活對工作的影響力。你和家庭之間的良好互

動、和朋友之間的人際關係，甚至是你在感情生活上的充實，往往都能轉化成正向的力量，讓你在工作時充滿幹勁。

回到剛剛張忠謀的例子，他最著名的改革，便是改善台積電超時工作的政策。張忠謀在對媒體受訪時說：「從以前到現在，不管是擔任基層工程師、總經理、董事長，我的工作時間一星期很少超過五十個小時。」

工程師的工作常常和超時、超量劃上等號，之前富士康沸沸揚揚的事件，說明了企業長久以來的弊病，員工身心不堪負荷、家庭生活遭到壓縮，這些公開的秘密，一直是輝煌成績背後的隱性炸彈。原本，台積電的生態也是如此，直到一封寄給張忠謀的離職信，促使他決心改變一切。

這封離職信來自一個基層工程師，信裡強烈控訴公司的超時工作對員工身心、家庭的傷害，張忠謀看了大感震撼，從那時起，他便著手推廣「工作、生活、承諾」的理念，以「一週50小時」為工時號召，並由自己開始帶動改變。

張忠謀強調，當你有時間和家人坐下來好好吃頓飯，並且擁有自己的生活空間，這樣的人生才能稱得上「有品質」，當你在家庭和生活之間取得平衡，才能夠把這些正向力量轉換到工作上。他由己身做起，主張把多一點的時間分給家庭和生活，讓所有員工都能有健全的人生經驗。

一個私生活不圓滿的人，會有很多負面的情緒積壓在心裡，工作的挫折、挑戰，對他們來說更是雙重打擊；而一個私生活圓滿的人，因為有良好的管道排遣工作帶來的情緒，他們能藉著人生其他面向的能量，去補足工作中流失的營養，這對職場的長遠發展有益無害，有強大的精神後盾，方能協助自己逐步提升。

「更何況，」BOSS拿起桌上的照片，裡頭是張全家福，BOSS站在太太和兩個兒子中間，笑得心滿意足。「你的親人、情人、朋友，往往比你

的工作伙伴，更加了解你內心深沉的部分，當他們都覺得你的狀況不好時，你不是更應該『傾聽』他們的感受，藉機釐清究竟是出了什麼問題嗎？」BOSS望向宏明，宏明的表情陷入了深思。

家人，絕對是你最強勁的後盾

　　很多人習慣將工作情緒徹徹底底和私生活完全切割，這樣做沒有錯，只不過人非完美，總會有需要支持的時候。如果你能夠全面傾聽身旁所有的人，了解他們的感受和想法，就能夠在自己的生活和工作中找到座標，調整出適合現狀的工作方向。

　　許多主管，埋頭工作十多年，卻不明白團隊的感受，也不了解公司的問題，甚至看著報表的時間，遠多過看身旁的親人，他們更沒想過要握著太太的手，詢問對方最近的感覺怎麼樣，怎麼看起來好像不太開心？

　　如果你願意開口發問，或許就會發現，原來團隊最近氣氛低迷，是因為某甲的家人生病了，而某乙失戀了，所以影響了工作進度才會效率不彰；而你的太太可能是因為你老在家庭日加班，所以，即使明知道你忙了一整天，還是賭氣得不給你好臉色看。

　　宏明紅著臉，頭垂得低低地，BOSS卻恍若無事地繼續作結論。

　　「主管身邊所有人的感受，就像是一層氣流，層層包覆著主管，轉向如何，絕對會影響到工作狀態和心情。想要讓自己處於良好的工作氛圍，唯一的方式只有傾聽，全面去傾聽，試著專注了解其他人的感受，才能讓你如虎添翼。因為你能夠掌控身旁所有的狀況，你在打的是一場有人支持的勝仗。」

BOSS眨了眨眼：「偶爾讓太太了解自己的工作，也是成為主管的必修學分。」

在職場中我們常看到有人是盡責的員工，卻是失職的父親；有人事業有成，家庭關係卻一塌糊塗。全球知名的投資大師、麥哲倫基金經理人彼得‧林區，在人生事業最輝煌的頂點宣布退隱。他說：「當你記得幾千支股票的代碼，卻不記得小孩的生日，這種人生的意義何在呢？」工作的目的是為了成就「美滿人生」，但是不應該為了工作而犧牲家庭與個人的健康。所以，工作的時候認真工作，下班時就要放下公事，要嘗試改變忙碌到只有工作的生活步調，規劃生活時別忘了留多一點時間給家人，當工作與家庭以及生活的平衡，反而能讓工作更有效率。

BOSS的 私房筆記

◆ 傾聽你的團隊，能夠協助你們達到更有效率的溝通。

◆ 好的主管，應該將溝通觸角延伸至上層、朋友、家人、情人，藉著傾聽他們的意見，會協助你在職場表現得更好！

◆ 感情生活上的充實，往往都能轉化成正向的力量，讓你在工作時充滿幹勁。

◆ 私生活圓滿的人，能藉著人生其他面向的能量，去補足工作流失的營養，協助自己逐步提升。

◆ 想要讓自己處於良好的工作氛圍，唯一的方式只有傾聽，試著了解其他人的感受，才能讓你如虎添翼。

3-3 思考說話的方式，「怎麼說」才是重點

 職場生存語錄：

包容不同意見的能力可以助你為所當為。

工作那麼多年，宏明第一次發現，溝通是這麼困難的一件事。

今天一早就有廠商來電，洽詢有關展售會的問題。宏明客氣地詢問對方是否有收到公司寄出的邀請函，廠商表示沒有收到，而且之前已經來電詢問兩次，但是一直沒有收到正式的回覆訊息。

對方的口氣聽起來非常無奈，宏明只能連聲道歉，心裡卻有一把無名火熊熊燃燒了起來。

因為自己早就向志偉交代過，廠商聯絡千萬拖拉不得，而他卻總是左耳進右耳出。宏明也曾曉以深義，和志偉說明了這次展售會對彼此未來的重要性，只不過宏明卻始終無法確定志偉搞懂了沒。因為當宏明扳著臉去找志偉時，他一臉受挫地回答：「我了解聯絡廠商很重要，但是事情太多，我一時之間無法面面俱到嘛。」

於是宏明只得再和他強調一次展售會對彼此的重要。雖然宏明不斷照BOSS所說，和夥伴分享願景，可是他總覺得志偉的態度依舊淡然，似乎沒有太多反應。

宏明在BOSS面前嘆了口氣：「難道，是我說話太沒說服力嗎？我用

了三寸不爛之舌，也無法讓團隊和我同心啊！」

「讓我先問你一個問題，」BOSS打斷了宏明的自怨自艾，「你覺得一個好的演說家，有什麼過人之處？」

「演說家？」宏明被BOSS的神來一筆給困惑了，但他思考了一下：「因為他們說起話來很有道理嗎？」

「道理人人會說，」BOSS微笑道，「而且大道理聽起來都差不多，我們小時候都常聽到：奮發向上、不然就是尋找自我，聽到都能背了。絕大多數演講內容也是從大道理去變化，能夠說出新道理的人卻寥寥可數，就像電視上的政論節目和兩性話題，萬變不離其宗，可是有些人口中說出來的就是特別得觀眾緣，為什麼？」

看著宏明緊蹙的眉頭，BOSS幽幽地說：「因為說的方式不同啊！」

賦予老道理新的生命

我曾經在電視上，看到某位名人上訪談節目，說了一段有趣的話。

那位名人在節目上說：「十五歲覺得游泳難，就放棄游泳，到十八歲遇到一個你喜歡的人約你去游泳，你只好說『我不會耶』。十八歲覺得英文難，就放棄英文，二十八歲出現一個很棒但要會英文的工作，你只好說『我不會耶』。當你的人生前期越嫌麻煩，越懶得學習，後期就越可能錯過讓你動心的人和事，從此錯過新風景。」

節目主持人聽了非常感動，說這一段話發人深省。

然而那位名人卻淡然一笑：這句話不過就是「少壯不努力，老大徒傷悲」的意思。

「不過是換句話說，舊道理也有趣了起來。」BOSS眨了眨眼。

太陽底下沒有新鮮事，很多道理大家從小聽到大，早就失去新鮮感。如果道理變不出新花樣，難道世界上再也沒有好的演說家嗎？不會的，因為內容相同，但是講述事情的方式千變萬化，就看哪一個方式能夠吸引人們注意。

★ 職場第 **14** 大罪狀 ★
別當愛說大道理的三嬸婆。

絕大多數人都誤解了創新的意思。創新不見得非得是無中生有，很多時候，創新是來自於我們改變思考的角度，用不同的方向去觀看一件事，就能體悟出新穎的道理，而超級演說家演講的精髓就是在這裡。一個好的演講者絕不會照本宣科，所以內容常常不是成功演講的關鍵，「怎麼說」才是重點。

在口語表達上，演講者可以運用幽默的談話、有趣的例子去吸引觀眾注意，也別忘了自己有一雙手，音調可以抑揚頓挫，表情可以生動活潑，這些看似「演員」才需要注意的細節，往往可以幫助演講者表達想法。

「我和你們說話的時候，」BOSS用手比了比自己，「絕對不會讓自己語調平淡無聊，也不會讓自己死板板地待在原點，我會將自己的調性設定得活潑些，讓你們能接收到些許的起伏情緒，而不會覺得聽我說話很平淡、無趣。」

曾有研究表示，演講時的語調和適度肢體表現的影響力，往往比內

容更讓聽眾印象深刻。就算你演講內容再好，如果一點高低起伏都沒有，大家不會把你的形象表情和話語聯結在一起，這場演講將很容易就會被聽眾淡忘。

「回到主管來說，」BOSS手指宏明，「你的罪狀，正是缺乏演講者該有的生動張力，一句老話，沒有用新把戲去說！說到底，還是溝通技巧不足！」

不要以為公開演講才需要運用這些技巧，這些技巧都和日常生活有關聯，一個卓越的主管懂得在職場運用演說技巧，將會替自己與團隊帶來莫大幫助。

「所以，」宏明若有所悟，「我應該要假想團隊是自己的聽眾，思索該『如何說』，才能讓他們聽懂我的意思嗎？」

沒錯，團隊成員就像是主管的聽眾，而且，部門間或是和上司的溝通，也常需仰賴主管將自己的想法，轉換成對方能夠接受的說法。這些對主管的挑戰，不都和一位演講者需要面對的一樣嗎？

「因此，一位好的主管，必然是一位好的演講者嘛！」宏明豁然開朗，BOSS微笑地點點頭。

「但是，只是聽懂還不夠，」BOSS搖了搖手指，故作神祕的模樣，「例如志偉，我相信他絕對能理解你在說什麼，但是理解歸理解，有沒有對你的想法感到『興奮』，這才是檢測演說家功力高低的關鍵點。」

「興奮？」宏明又無法理解了。

＊　＊　＊

溝通問題往往來自說話者沒有講出「能讓對方聽懂的話」。溝通務求有效，有效溝通的前提是，對方聽得懂你要表達的是什麼。所以就是要

學著站在對方的立場思考，用對方比較能夠理解的話語說出來，說對方能夠聽得懂的話，再搭配一些譬喻的技巧，就能溝通無礙。

在與人溝通時要把握以下三個要點：

✓ 讓對方聽得進去：時機合適嗎？場所合適嗎？氣氛合適嗎？

✓ 讓對方聽得樂意：怎麼說對方才喜歡聽？哪一部分他比較容易接受？如何使對方情緒放鬆？

✓ 讓對方聽得合理：先說對對方有利的，再指出彼此互惠的，最後才提出一些要求。

BOSS的
私房筆記

◆ 八股的話沒人愛聽，聰明的主管懂得賦予老道理新的生命。

◆ 人生前期越嫌麻煩，越懶得學，後來就越可能錯過讓你動心的人和事，錯過新風景。

◆ 創新是無中生有，改變思考的角度去觀看一件事，就能說出新穎的道理。

◆ 一個好的演講者絕不會照本宣科，「怎麼說」才是重點。

◆ 能夠在職場熟練演說技巧，將會替自己帶來莫大幫助。

◆ 團隊就像是主管的聽眾，主管要懂得將自己的想法，轉換成團隊能夠接受的說法。

3-4 誠心情真共感求勝

 職場生存語錄：

在心與口之間設置一面暫停標誌，透過別人雙眼看見自己。

「沒錯，讓雙方為同樣的共識感到興奮，是互動溝通最成功的結果。因為，唯有當一個人的熱情被燃起，對某樣事物有期待和好奇，才會有興奮的感受。」BOSS站起身子，站在面對辦公室的玻璃窗前，露出自信的眼神，「當主管的理念能夠讓團隊也覺得熱血跟興奮，不就代表了他們願意積極參與你的夢想，並急切地想與你一起實踐它嗎？」

當團隊願意和主管為共同理念付出熱情打拚時，團隊成員做起事來才會有參與感，因為他們把這項理念當成「自己的夢想」在執行。因為你不是說出一個道理強迫團隊接受，你是刺激團隊心中原有渴望的熱情，讓他們內心原本就存在的夢想重新被燃起。

當一場演講結束後，聽眾們全都心如止水，這是演講者最糟糕的失敗；當聽眾覺得開心滿意，是演說家的喜悅；但是，如果能夠讓聽眾感覺到興奮、激盪起一份同仇敵愾的熱血，並願意投身共同實踐夢想，才是一個演說家最大的成就！

只不過，每場演說的主題不同，例如一場兩性座談，能夠引發的淚水和喜悅，怎麼樣都會比一場科技研討會來得多。「所以，」BOSS突然從玻璃窗前轉過身來，用坦率的眼神望著宏明的眼睛，「如果你問我是否

有個放諸四海皆準，讓所有聽眾為你傾心的元素，我會說：唯有誠心。」

誠心以待是溝通的不二法門

現在回到以往讓你覺得很棒的演講，演講者有一部分理念觸動到你的內心深處，是不是因為他說出了讓你感同身受的話？這也代表，他由內散發的熱情和信念，深深地渲染了你。一句話要動人，不需要誇飾和虛構，只要說話者真心地相信，這句話就會帶著魔力，讓聽者被引領到這份情緒之中。

要知道，最動人的演講，通常都是演講者懷抱著驚人熱情，舞台下的人或許一開始覺得不可思議，然而，演講者不斷真心地告訴聽眾，這個理念有多重要，底下的人才放下成見，逐漸被演講者的信念給感動。

我們常常在一些大型的典禮場合上，看到政治人物唸著事先寫好的稿子，即使文字結構澎湃萬千，卻比不上某個獲獎人毫無準備的致辭讓人感動。這些獲獎人明明連話都說不清楚，但是一舉一動卻是憑著真心，一會兒哭，一會兒笑，毫無章法，卻牽引著舞台下觀眾真實的情感。頂尖演講者的渲染力就像這樣，而這是所有技巧都無法取代的：真心以待。

「不過，」BOSS打趣地說，「我可不是要你帶領團隊時哭哭啼啼，我的意思是，當你用心和團隊溝通，不只是你的言語，甚至是你的眼神、動作，都會自然呈現出一種堅定的力量，能夠讓團隊認同你的理念。這個時候，你只需要佐以一點演說技巧，就能夠讓團隊自發性地加入你的逐夢陣營。」

一個好的主管，絕對不會編織連自己都不相信的願景，然後違背意願地去告訴團隊：要相信、相信、相信！因為，當主管自知這不過是一場

騙局，就算演技再好，也不可能會讓團隊真心追隨。記得，心誠則靈，真心情真，這樣的溝通才能「有效」、「共感」。

「你用不著『說服』他們，因為沒有人喜歡被說服；然而，你卻能夠影響團隊，主動與你攜手奮戰！」BOSS的眼神閃爍著一抹神采，宏明看見BOSS三十餘年來，眼中從未減退的那份熱情。

BOSS的 私房筆記

◆ 說話的時候，讓自己的調性是活潑的，使團隊接收到起伏的情緒，不會覺得聽你說話很平淡、很無趣。

◆ 語調和手勢的影響力，往往比內容更讓聽眾印象深刻。

◆ 讓雙方為同樣的共識感到興奮，是溝通最成功的結果。

◆ 用心和團隊溝通，不只是你的言語，甚至是你的眼神、動作，都會自然呈現出一種力量，讓團隊認同你的理念。

◆ 一句話要動人，不需要誇飾和虛構，只要說話者真心地相信，這句話就會帶著魔力。

◆ 一個好的主管，絕對不會編織連自己都不相信的遠景。

◆ 當主管自知是一場騙局，即使演技再好，也不能讓團隊真心追隨。

◆ 記得，心誠則靈，這樣的溝通才能「有效」、「共感」。

3-5 話不在多，簡明則靈

 職場生存語錄：
當你的團隊無法管教時，問題不在他們，是在你身上。

宏明側著頭，回想最近和團隊的溝通內容。或許真如BOSS所說的，自己的溝通方式出了問題，可是問題似乎不單如此。

宏明擬出了短、中、長期目標，每當討論展售會時，常藉機和志偉說到之後的計畫，志偉總是一副不太搭理的模樣，就連老張在一旁聽了，也只是做做樣子搭腔應付，隨後就會找空檔溜走。

如果真像BOSS所說，「熱情」是渲染團隊的方式，那自己怎麼老是碰軟釘子？

BOSS這時已經回到座位，一邊泡茶一邊看起報紙。午休時光短暫，BOSS從不小睡片刻，每回宏明進辦公室，不是看到BOSS手裡一份報紙，就是一本書。

「怎麼樣？」BOSS的眼睛沒有離開報紙，「你似乎在思考一些想不透的事情？」

宏明據實以告，BOSS聽了卻哈哈大笑。

「宏明啊，這就是你的不對了！而且你犯了職場上最讓人害怕的重罪啊。」BOSS笑了好久才停。

★ 職場第 **15** 大罪狀 ★

一開口就停不下來。

「可是，BOSS你不是也一直強調熱情很重要，並且要隨時和團隊溝通嗎？」宏明一臉無辜。

「無需我這個職場老鳥告訴你，一個新生菜鳥都可以看出你的問題所在，那就是『囉哩八嗦』一打開話匣子就停不下來，任團隊誰看到你就想腳底抹油！」BOSS笑得闔不攏嘴，「好吧，讓我們回到演講的例子，你就會知道問題所在。」

精簡扼要，團隊才想聽你說

一個演講者的知識可能很淵博，但這和他的演講能不能讓聽眾覺得精彩，甚至念念不忘，完全是不同的兩回事。

我先前提過，「要怎麼說」是演說能力的展現，至於「說多少」，關鍵不是在演講者懂得多不多，而是考驗演講者的智慧夠不夠。

主持人、作家，也是知名演說家蔡康永，曾經說過：「一場兩個小時的演講，如果你字字珠璣，把每一段時間都塞滿知識，聽眾並不會感到值回票價，他們只會覺得一頭霧水，因為資訊太多了，他們的腦子無法消化這麼多東西，只會感受到源源不絕的壓力，別說是開心了，聽眾可能還沒聽完演說，就早已與周公去巡視列國，又怎麼會記得演說者說了什麼內容。」

反之，如果在演講結束後，聽眾要能對演說中的幾個重點不忘，並

留有繼續思考的好奇心，那這就是一場非常了不起的演說。

我們能夠從一場好的演說理解到，良善的互動溝通，不是我們以為的繁複，龐雜；有效率的溝通，內容往往是精簡、扼要，一點就通。

「演講者的智慧，要懂得見好就收。**點到為止，正是一個主管應該把握的溝通原則！**」BOSS將手中的茶一飲而盡，有種江湖俠士的豪邁，宏明覺得自己被打得遍體鱗傷。

📁 條列式說明比長篇大論更好瞭解

如果你曾注意過一個優秀演講者所準備的簡報，你會發現，Power point上頭從來不是寫滿密密麻麻的文字，可能一頁的Power point裡，只有簡單的幾句話，甚至是簡單的幾個字，或者是一張圖片。當你乍看之下，或許無法理解它想傳遞的意涵，但是當透過演講者生動的解說後，你會發現原來他所說的道理，竟然都濃縮在眼前的幾個字之中。

這個時候你會敬佩：「這麼簡單的幾句話，裡頭竟然蘊藏這麼深的意義。」最重要的是，你將不會忘記當下所接收到的訊息。

優秀的主管，會把握「簡報式」的內容做溝通陳述。他會丟出簡單扼要的幾個重點，讓團隊了解自己的目的，然後以簡單的說明替這些重點做定調。

這樣做有很多好處，不但團隊可以「條列式」地理解主管傳遞的訊息，主管也把握了每一個項目的解說權力。主管可以不用一次把話說完，因為就像前頭說的，一次給予太多資訊，只會造成團隊的混亂；溝通只需要點到為止，讓團隊接收現階段必要的資訊，而又為自己保留了轉圜的空間，能夠在將來需要的時候再更進一步補充想法，讓團隊能深入了解自己

的用意。

　　「聽到了嗎？」BOSS語帶笑意，「你要看狀況給予適量資訊。當他們都為了展售會焦頭爛額，你該做的就是針對展售會的行動給予支持。你給了過量的訊息，他們怎麼會感激你，只會覺得你囉唆個沒完，是來拖累他們的效率啊！」

＊　＊　＊

　　魯迅說過：「時間就是生命，無端空耗別人的時間，其實是無異於謀財害命的。」這種費力不討好、囉唆的說話方式很值得主管們反思。主管囉唆是因為不想下屬犯錯，是為了他好，但是卻沒有想到囉唆過度也會打擊領導威信，為什麼呢？想想自己或是別人當下屬的時候，你會喜歡一天到晚重複碎碎唸的主管嗎？因為聽者心理上有了抗拒感，也就不會把注意力放在你說的內容上，往往是聽了後面又忘了前面。所以，當主管下達指令或與部屬溝通，要掌握化繁為簡、意思明確，從不囉唆，不重複多次的原則，這種說話方式才有效。

BOSS的
私房筆記

◆ 點到為止，正是一個主管應該把握的溝通內容。

◆ 優秀的主管，會把握「簡報式」的內容陳述。

◆ 條列式說明比長篇大論更容易理解。

◆ 一次給予太多資訊，只會造成團隊的混亂。

3-6 過多的給予，
不是善意，反而是壓力

 職場生存語錄：
在努力與鬆弛之間找到平衡點。

當主管的要時刻提醒自己，不要把自己的熱情變成壓死團隊的稻草，和團隊的溝通要適可而止。如果你手上有十個要點想要傳遞，當你發現自己講到第三個重點時，對方已經達到接收飽和的狀態了，或者是剩下的幾個不是當前馬上需要用得上的，那你就該把剩下的七項重點，連同你的優越感、你的著急一併收進口袋。

自以為是的給予不是善意，純粹是一種壓力。真正聰明的主管，是會看團隊狀況來調整談話內容，說完該說的重點就好，剩下的部分有機會再說。

「不但適可而止很重要，就連內容的難易度，主管也應該要拿捏得宜。」BOSS眨了眨眼，「不是每個人都像我一樣，理解能力這麼強啊。」

主管就像是策士，必須將自己的作戰計畫讓整個團隊理解，再由每人各司其職去運作。通常一個團隊裡，有的人天資聰穎，有的人勞苦認命，每個人的個性、資質都不相同，你要怎麼樣激起他們的共鳴，並且讓每一個人都能全盤了解你的計畫？深入淺出的內容，才是體貼所有人的策略。

　　每件事情，都只有幾個簡明扼要的重點。所以，當主管要能夠看穿事情的輕重，並且理解到什麼事該說、什麼事用不著說、對誰又該說些什麼，這些都必須能夠自行在腦海裡去蕪存菁，歸納出一套清楚的說詞，讓團隊知道事情的全貌。

　　「沒有想到，主管該『說什麼』這麼簡單？」宏明摸了摸下巴，思考起之前都說了些什麼。似乎很多連自己也不甚清楚的計畫，都拿出來和小劉、志偉、老張講了，也難怪他們毫無反應，想必他們是聽得一頭霧水，更不用說熱烈參與了。

　　「『說什麼』本來就不難，」BOSS回答，「演說能力是主管必備，知道『怎麼說』、『說什麼』，就能夠讓溝通能力更上一層樓。但是有些人聽到『演說』就腿軟，完全是劃地自限！」

　　提到演說，大家都會狹隘地想，又不是要參加演講比賽，為什麼我要成為一個演說家？

　　一直是全球媒體焦點的蘋果電腦公司的新品發表會，主講人賈伯斯總是語帶興奮與神祕地，向大家介紹最新的產品。賈伯斯不需要長篇大論，只要簡單幾句話，就能讓全世界相信他手上的電子產品，絕對是走在趨勢潮流尖端，彷彿每個人都該擁有一台，才能和世界接軌。

　　賈伯斯並不以演說為本行，然而賈伯斯卻懂得運用演說能力，讓全世界為蘋果電腦新推出的產品瘋狂；如果賈伯斯是一個只知道待在研究室，苦心研發科技的執行長，又怎麼能夠打造出二十一世紀的蘋果神話？

　　更何況，不是非得在公眾場合演講，或者是上台說些激勵人心的話才能叫做演說，只要是透過「溝通表述」，將想法確實無誤地傳遞到團隊每一個人心中，這樣的行為就是演說的一種。

不需出口成章，只要清楚明白

　　如果主管的表達能力不足，交代事情總是不清不楚，往往會讓團隊變成一盤散沙；因為，團隊會弄不懂目標何在？執行步驟何在？說穿了，是因為搞不懂主管所傳達的指令。

　　有很多頭腦不清楚的主管，在交辦事項時，根本沒有先在自己腦袋裡思考過，以致說出口的東西散亂無章；團隊只聽得迷迷糊糊，到頭來白忙一場。或者，團隊執行出來的東西和主管想的南轅北轍，遇到這種狀況，很多主管只顧著把氣出在團隊身上，事實上，主管的表達能力夠好嗎？傳達的夠清楚嗎？主管有沒有動腦先分析最佳狀況或最糟情形呢？這往往是問題的一部分，卻被大多數人忽略了！

　　宏明聽著紅了臉，BOSS卻一副無所謂的模樣繼續往下說。

　　如果你有注意到，我剛剛所提的事情，完全沒有要求一個主管應該辯才無礙，也沒有要求一個主管應該舌燦蓮花，我只要求他把事情說清楚，就是這麼簡單。簡明精準的溝通，完全和口才無關，而是有沒有用心組織說出口的話。

　　「別忘記，化繁為簡的溝通才是藝術，因為資訊越簡潔精準，越能深入人心，也越能節省溝通不良的麻煩。」BOSS拿起報紙繼續閱讀，留下宏明站在原地絞盡腦汁思考。

　　BOSS在報紙背後露出了惡作劇的微笑。

＊　＊　＊

　　管理大師杜拉克：「領袖不可或缺的本領，是良好的溝通技巧，能夠把話說得明白。」在領導上，溝通是一個很重要的技巧，一個主管該如何瞭解夥伴想的是什麼，又該如何表達自己的想法給夥伴知道，在用詞

上，說話的語氣，肢體的語言，說話的態度，場所的氛圍，溝通時所處的位置，都會影響到整個溝通的過程與效果。

如果你不能把心中所想的策略完整地表達出來；如果你無法傳達清晰的指示，就別指望員工會做好。如果你連一個簡單的指令也未能清楚傳達，反倒認為是下屬未能遵照其意願去執行，那公司高層往後又豈能指望你去分派其他更複雜、更要緊的任務？

BOSS的
私房筆記

◆ 主管要時刻提醒自己，不要把自己的熱情變成壓死團隊的稻草，和團隊的溝通要適可而止。

◆ 過多的給予不是善意，不過是壓力。

◆ 深入淺出的內容，才是體貼所有人的策略。

◆ 主管要能夠理解到什麼事該說、什麼事用不著說，歸納出一套清楚的說詞，讓團隊知道事情的全貌。

◆ 透過「講述」，將想法確實無誤地傳遞到團隊每一個人心中，這樣的行為就是演說的一種。

◆ 簡明精準的溝通，完全和口才無關，而是有沒有用心組織說出口的話。

◆ 資訊越簡潔精準，越能深入人心，也越能節省溝通不良的麻煩。

◆ 主管的表達能力不清，往往會讓團隊成為一盤散沙，因為他們不懂得目標何在。

3-7 答案不只一個，請思考如何問問題

 職場生存語錄：

當心扉全然開放，你便能感知「當下」工作的喜樂。

展售會的前三天，宏明天天只能偷空睡四個小時。

一方面是真的太忙，一方面是壓力太大，宏明常帶著黑眼圈在公司忙到半夜。小劉下班前總不忘過來拍拍他的肩膀：「事業要拚，身體還是要顧啊。」

最近志偉較進入工作狀況，想必BOSS教的手段發揮了一些用處，只不過志偉偶爾會少根筋，還是讓宏明不太爽快；尤其，志偉總是表現出一副「沒辦法，我也不是故意」的無辜模樣，更讓宏明心中不悅。

今天早上，志偉拿著一疊資料，滿臉歉意地跑過來；那是一份一個星期前就該郵寄出去的展售會資料。

「宏明主管！」志偉一開始還帶著點開玩笑的口吻，想要掩飾尷尬，「有一份廠商的資料當初說要補寄，一不小心漏掉了，現在再寄怕時間會趕不上，應該怎麼辦呢？」

宏明聽了怒火攻心，開口罵道：「這件事我不是交代過你，要注意時間嗎？怎麼還是疏忽了呢！」

宏明說完也嚇了一跳，因為自己音量有點大，整間辦公室都突然安

靜了下來，志偉臉上的表情非常困窘：「抱歉……因為那個廠商名單是最後才加進來，導致我在裝件的時候漏掉了。」

宏明臉色一時很難拉下來，只得冷冷地說：「先用電話通知，現場再補發資料給對方吧。」隨即離開座位，先逃離這個是非之地。接下來的時間，辦公室彌漫著一股尷尬的氣氛，沒人敢開口說話，好不容易熬到了午休，宏明隨即進了BOSS辦公室，這才吁了一口氣。

BOSS似乎早已耳聞狀況，沒等宏明開口，就先幽幽地說：「主管常有給予下屬意見的時候，但是這和發洩情緒是兩回事。」BOSS手中拿著一本書，書名寫著「情緒管理與控制」，宏明覺得BOSS現在看這本書，擺明就在諷刺自己。

「唉。」宏明嘆了口氣，「我知道自己壓力太大，所以溝通起來也太衝動。只不過，或許我也能藉此給他們一個下馬威，不要以為我可以隨便妥協。」

BOSS摘下眼鏡：「偶爾展露一些威嚴可以，但溝通時，不要以為給意見可以信口拈來、隨隨便便，如何讓每一句話都具備正面效果，必須透過主管全盤思考，才能達成有效的溝通。」

宏明蹙眉聳了聳肩，BOSS似乎永遠都有更好的解決法：「那麼我該怎麼做呢？」宏明詢問。

提出正向、正確的問題

「提問問題也是一種溝通方式，想不到吧？」BOSS眨了眨眼，這是BOSS賣關子時的習慣動作。「更讓你想不到的是，提出一連串正確的問

題，就能將想法傳遞給對方，並獲得對方的認同，這可是千真萬確。」

我曾經提到過，一個主管最厲害的能力不在解決問題，而是在於提出好的問題，不管你信不信，一個好的問題，通常都會得到幾個好的答案；而當你問出一個爛問題，那麼你就只會得到一個爛答案。

「愛看電影嗎？」BOSS微笑著問。

「嗯，還可以啊！」宏明被問得一頭霧水，BOSS總是屢出奇招。

如果你曾經看過電影「全面啟動」，那麼你就會知道，一個看似簡單的想法對一個人的影響有多麼重大。一個問題就像是我們在對方的腦海中放進一顆種子，擺放的位子，就會影響對方的思考方向往哪邊發芽。主管領導團隊要擁有潛移默化的能力，只要透過問對問題，就能引導團隊建構出一個正向的思維，與主管想要傳達的想法相互呼應。

「在提出問題前，我們必須思考問題背後有著什麼意涵？」BOSS指了指頭腦，「是正面的鼓勵，或是帶著負面的批評，因為這些感受，都會隨著問題在團隊腦中植入想法。」

舉例來說：當團隊的工作成效不如預期，很多主管會問：「這個工作怎麼做得這麼差？」如果你留心一想，這名主管無意間已經給了團隊答案！因為主管說團隊做得差，所以團隊的思維，會以「這份工作我做得差」為發展方向。接下來團隊的回答，只會是一連串為什麼做得差的理由。

相對來說，如果主管對團隊說：「你覺得這個工作怎樣可以做得更好？」注意到了嗎？主管並沒有在問題裡挾帶指責，而是透過暗示，讓團隊覺得自己做得雖不滿意但可接受，重點是可以有更好的發展空間；所以團隊給的答案就會是：有哪些方法可以改善現狀，自己有哪些疏漏，下次

會預先做好哪幾個部分的準備功課，並且在心情上會充滿了熱情和信心。

股神巴菲特你一定不陌生，他的好人緣眾所皆知，不僅是因為他待人敦厚，也因為他非常懂得透過「問題」，讓團隊感受到鼓勵和支持。

在股東會以及公司年報之中，巴菲特總是會以讚美口吻對與會經理人表示認同，並且非常誠懇地感謝他們一年以來的付出；即使對方表現得差強人意，巴菲特也絕不用破口大罵來表達意見。相對的，他總是以鼓勵的口吻給予建議，詢問對方「接下來你覺得可以怎麼做？」以期許的眼神鼓舞旗下經理人再接再厲。

這種用激勵替代責罵的管理風格，讓巴菲特帶領的波克夏公司，就像是個匯聚正向能量的團隊，每個人都能以溫暖的方式得到向上提升的動力。也正因為巴菲特這樣的管理特質，即使是被併購的企業，也從未發生跳槽或離職狀況。你可以說，巴菲特和他的部屬們建立了良好的溝通方式，他給予團隊的建議有思考性、也有激勵性，從不刻薄或情緒失控。

千萬不要小看問答在主管和團隊之間所建構的影響力，因為這一問一答之間，都代表了主管和團隊正在達成潛意識的溝通共識。

當主管以預設的立場提出質疑團隊的問題，團隊只能推拖責任或拚命解釋，兩人之間達成的共識就是：「這件事做得很糟糕，而且雙方都不愉快。」但是，當主管以追求更好的立場提出問題，團隊也會同時思考，自己是不是有能夠補強的部分，雙方達成的共識就是：「我們都盡了力，但是仍然有持續努力的空間。」

★ 職場第 16 大罪狀 ★
讓失控的情緒為團隊腦中植入錯誤設定。

主管一正一反的問題，都會決定自己帶給團隊正面或負面的設定，如何讓團隊有效、積極地運作，主管當然就得注意自己的溝通方式了。

「所以，」BOSS一改輕鬆的口吻，轉用嚴肅的語氣說，「你今天用一個負面的問句責問志偉，不但讓辦公室的氣氛尷尬，也對事情毫無幫助！你又犯了主管忌諱的罪，讓失控的情緒為團隊腦中植入錯誤設定！」

宏明雖然心中有點懊悔，但也感到不服：「但是，好歹我有給他一個處理建議吧！」

BOSS笑了笑，「我曾說過，很多主管都抱持著『事情還是得由我出馬』的心態，因此對他們來說，問出好問題非常困難，因為他們習慣在面對團隊時說：『你做錯了，應該要如何做才對！』立即直接用答案給予團隊執行方向。」

「你現在的問題不就是這樣嗎？」BOSS指了指宏明的鼻子，讓宏明臉上一陣紅一陣青。

* * *

一個人不能控制自己的情緒，遇到事情慌慌張張，發脾氣動怒，叫做沒有修養。有時主管脾氣差，是因為他背負了公司交代的任務超過他的能力範圍，壓力日益加大，於是情緒失控。一個能夠駕馭自己情緒、情感的人，他才能真正的做一個領導人物。成熟的主管要懂得控制情緒，不要被負面情緒牽著走，因為人們都是習慣性地以負面思考去解讀對方的憤怒，連帶影響到夥伴們的思考模式朝負面方向走去，所以要減低負面情緒

的殺傷力，確實聚焦到解決問題上，就要從控制情緒開始。

BOSS的
私房筆記

◆ 提出正確的問題，往往就能將你的想法傳遞給對方，並獲得對方的認同。

◆ 一個好的問題，通常都會得到一個好的答案；而當你問出一個爛問題，那麼你就會得到一個爛答案。

◆ 一個問題就像是我們在對方的腦海中放進一顆種子，影響對方的思考方向往哪邊發芽。

◆ 透過問對問題，引導團隊建構出一個正向的思維，與想要傳達的想法相互應。

◆ 問答在主管和團隊之間建構的影響力，都代表了主管和團隊達成什麼共識。

◆ 當主管以預設的立場提出質疑團隊的問題，團隊只會推拖責任或拼命解釋。

3-8 提出問題比給答案，更容易溝通

職場生存語錄：

不帶敵意地去觀看工作當中戲劇性的起伏。

　　直接給予答案這樣的處理方式，也像是替團隊置入了一個潛在的思考慣性：任何事情都是主管說了算，我不過是個執行者，不需要太過計較怎麼做比較好，只要聽話照做，讓主管滿意就行。用答案取代問題，會讓團隊有「一切都是主管單方向授權」的感受，若形成這樣的工作慣性對團隊的成長有害無益，更會讓組員陷入自暴自棄的情緒，失去工作的熱情和執行動力。

　　試想，當團隊詢問主管：「這次的提案應該朝什麼方向進行？」主管直接回答團隊：「你們朝A方向去執行就可以了。」會得到什麼樣的結果呢？

　　第一種結果：主管給的指示大獲成功，似乎皆大歡喜，但也會讓團隊養成一種習慣：既然主管指示正確，那今後大小決策只要主管下指示，團隊來執行就好了，何需費心思苦惱？主管一次的成功，卻造成團隊怠於進步的惡果。

　　第二種結果：主管給的指示並不成功，這不但造成團隊的信任危機，更糟糕的是團隊會以置身事外的心態看待這件事：反正一切都是主管的指令，做好？做壞？跟自己又有什麼關係？

當主管習慣把制式答案當成團隊運行的標準，只會讓團隊成員逐漸抽離運作核心，因為每件決策都和他們無關，成敗榮辱也沒有切身感受。當團隊中所有人都抱著「成敗與我何干？」的心態在上班，又怎麼可能把事情做好？

當你以問題取代答案來跟團隊溝通，事實上，你同時也在讓團隊共同參與決策。當對方回答你所設定的問題時，他是經過思考後才回答你的，所以他在潛意識中會覺得，這個決定不但是經過主管審慎評估，也是自己思考過後認同的決策。因此，團隊會將這個想法當成自己的想法去執行，並從中不間斷地添加創新元素，展現出來的工作熱忱，完全不能和「被告知怎麼做」相提並論。

「不要小看提問問題，問問題是非常實用好用的溝通技巧，因為它會在不知不覺中，引導對方往某個方向思考，不會往你不希望他思考的方向想；最重要的是，還能夠讓對方認為，最終的決定是出於自己的想法。」BOSS伸了個懶腰，「很神奇對吧？掌握人的心理狀況，就能夠精進自己的溝通能力。」

每個人都會有自己的主觀意見，再優秀的主管也不例外。但是，正因為主管擁有絕對的決策權力，所以在表達自己的想法時更需要謹慎，一不小心就會讓團隊覺得你是個獨裁者。一個適當的好問題，就能夠表達主管自己的意見，但又同時保留團隊發表意見的餘地。例如：「這個案子我想先聽聽你們大家的建議？稍後我也會跟大家分享我的想法」，這樣說就絕對比「我覺得這個案子用A方向執行不錯，你們說對吧。」來得有商議空間。

每一個問題，主管都得預先推想團隊可能會產生哪些回答，而這些問題的答案，能不能夠經由主管的再提問引導，讓雙方產生互動的共感。

問對問題，不但能讓團隊有參與感，還能集思廣義，更能激發團隊的正面思考。例如：職場上難免會存在部分的負面感受，當然工作挫折也是其中一環，這些感受除了靠同儕排遣消化，也可以透過主管的循序引導，利用問題將負面感受轉換成正面的力量。

「就如我剛剛所說的，將『做得不好』的感受，轉化為『可以更好』的契機，這些智慧端看主管是否提出了有建設性的反饋問題！」BOSS拿著手裡的書，神采飛揚地對宏明說道。「你要記得，沒有人喜歡被否定，所有人都喜歡被上級賞識。與其用一個堅決的否定句去打擊團員，不如用一個期盼的問句去激勵對方。」

有許多主管在團隊表現不如預期的時候，會將：「為什麼沒做好！」脫口而出；殊不知這樣的一句話已經在團隊腦中植入了「成果很糟糕」的印象，他們只會滿腹委屈並且極力找理由來脫罪。如果主管今天換一個口吻說：「有什麼更好的方式呢？」這個不帶苛責的提問，反而會讓團隊絞盡腦汁地思考如何讓事情更好，而不會陷在找藉口、受打擊的迴圈中。

主管一句簡單的回答，左右了團隊思考的方向，如果一個主管不懂提問，他根本不可能和團隊建立良好溝通，他只會用命令讓團隊成為聽令行事的傀儡。

「BOSS，你的腦子怎麼裝得下這麼多東西啊？」宏明又佩服又嫉妒，更是有滿滿的感動。

「溝通技巧不用裝進腦裡，當你對人性有了透徹的觀察，假以時日，你就能夠掌握到要領；重要的是，因為情真所以管用。孩子，你的歷練還差得遠呢！」BOSS作勢摸了摸嘴邊的鬍子，好像宏明是個不明世事的三歲小孩。

BOSS的
私房筆記

◆ 給予下屬意見，不等於發洩情緒。

◆ 當每一句話都具備正面效果，才能達成有效的溝通。

◆ 主管在提出問題前，必須思考這個問題的背後意義是什麼。

◆ 用答案取代問題，會讓團隊有「一切都是主管單方向授權」的感受，而陷入自怨自艾的情緒，失去熱情和動力。

◆ 掌握人的心理狀況，就能夠精進自己的溝通能力。

◆ 以問題取代答案，事實上也是讓團隊同時參與決議。

◆ 透過問題引導，利用問題將情緒轉換成正面的力量。

勇敢說：請你教我

　　大部分的主管被「威信」這兩個字莫名制約，盲目地認為只有表現出威信，才能讓團隊對自己言聽計從。因此，有些主管在工作上遇到一些狀況時明明自己不是很懂，卻害怕危及領導威信而不敢求助，讓自己處於「無知」的狀況，去面對問題「硬著頭皮闖」。

　　「請你教我。」這句話絕不會引來團隊輕蔑，教學相長原本就是最好的學習方式，當你願意用謙卑的心去發問，唯一會給團隊帶來的印象只有一個：這個主管很真誠地想要解決問題，而且非常尊重每個人的優點，他願意不恥下問，非常值得敬佩。

　　人性是樂施且好為師，任何人對於真誠的發問，都會願意傾盡全力回答、協助，當你願意開口求助，往往能得到意想不到、完整、清晰的幫助。你的團隊成員更會覺得自己在團隊中是非常重要、且得到重視的；最重要的是，更可能讓你發現團員有你原本所不知的想法和潛能，進而開發出多元的發展空間與績效。

　　「請你教我」是最划算的學習，它能讓你用一個問句就得到立即收穫，並且免去在錯誤中學習的痛苦；「請你教我」也絕對不會危害你主管的威信，反而能對你的形象加分；「請你教我」更能深入了解團隊成員的

資質和想法。一個簡單動作,卻可以達到多重的效益,何樂而不為?

當你願意開口承認「我不懂。」並願意發問學習時,絕對遠比「不懂裝懂」好太多了!當人們被領導時,最痛苦的,莫過於外行人帶領內行人,在你完全不了解實際戰況之際,該如何領兵打仗?公司部門工作如此繁雜,你又怎麼可能樣樣精通?

放下無謂的主管尊嚴,適時地謙卑請教,就能讓團隊順利運行,當一個好學的主管吧。其實承認不懂是一件很有大智慧的事,你不說出你的問題,那個問題將會一直跟著你,而且會變成是一個大問題,直到你把它解決掉,否則問題都會像強力膠般黏著你、纏著你!

當你跟害怕站在同一條水平線時,害怕就在你的心中,當你勇敢地往前跨出一步時,害怕就被你拋在身後了!

若是你願意敞開心胸地把問題說出來,你會發現,你的大問題可能根本不是問題!你可能會發現,當你面對問題時,其實問題根本不大,你只是一時不知如何面對和調整,你只要稍微停下腳步,看一看、想一想,問題就解決了!

沒有人是絕對的強者,最堅毅的強者是勇於表達自己情感的人!

* * *

「不恥下問」是項難得的美德。因為願意向比自己地位低或年紀輕的人請教,是謙虛好學的表現。再厲害的人也不可能事事都懂、樣樣皆通。尤其在現今這個科技日新月異的時代,年輕的員工在科技應用、資訊趨勢……等方面,往往都比他們的主管懂得多。

優秀的主管通常都有顆開放的心胸,能接受建議,並樂於向專業知識豐富的部屬請教。剛上任的主管尤其要多善用資深員工的經驗,因為他

們在專業上大部分比你還要資深，更有經驗。不要因為部屬的能力優秀，而感到備受威脅，如果發現某位夥伴思慮很廣，總能想到自己想不到的角度，就多和對方接觸、多問問題。千萬不要不懂裝懂，那只會侷限自己的成長。

BOSS的私房筆記

◆ 「請你教我。」這句話絕不會引來團隊輕蔑。

◆ 當你願意用謙卑的心去發問，很真誠地想要解決問題，是非常值得敬佩的。

◆ 「請教」是最划算的學習。

◆ 「請教」絕不會危害威信，反而能對形象加分。

◆ 放下無謂的主管尊嚴，一次謙卑請教，能讓團隊順利運行。

◆ 承認不懂是一件有大智慧的事，你不說出你的問題，那問題將會一直跟著你。

◆ 當你跟害怕站在同一條水平線時，害怕就在你的心中，當你勇敢往前站一步時，害怕就被你拋在身後。

◆ 沒有人是絕對的強者，最強大的強者是勇於表達自己情感的人。

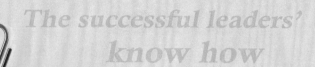
The successful leaders' know how

Chapter
第四章
04

進與退的
再生智慧

Work place survival collected sayings

職場生存語錄：

要賞罰分明，要關心卻不縱容，有惻隱卻不妥協。

行走江湖，沒有必勝的道理，一時得志、一時落魄都是兵家常事。職場如江湖，很多事情都無法操之在己，但是只要我們能掌控自己的分寸，在得利或失意時，做出適切的抉擇與取捨，就能全身而退。進與退的再生智慧，正是職場續航不輟的指南針。

很多主管搞不清楚，什麼時候該往前衝刺，何時力道該放輕緩？

當主管和團隊犯了錯，主管是要當不沾鍋或一肩扛？。

希望團隊進步時，是要緊迫盯人，還是應該時鬆時緊？

一個主管要掌握什麼準則，才不會讓積極努力變成貪功躁進？

爭執，是該避免的和諧殺手，還是應該鼓勵的進步原力？

當你了解進與退的再生智慧，你就不會在遇到挑戰時感到迷惑，因為你很清楚自己和團隊需要什麼。掌握進與退的再生智慧，讓你在職場上無論何種狀況，都能找出符合局勢的解決之道。

**有勇氣扛起錯誤，
才是正港好主管**

 職場生存語錄：

不良的人際關係往往讓工作陷入痛苦與壓力。

籌劃多時的展售會終於正式登場了，展售會當天宏明忙得焦頭爛額；在會場中，宏明監控活動流程，老張和志偉與好幾位廠商介紹了公司的合作模式，更提及之後於大陸和東南亞設廠的遠程計畫，幾位廠商代表都露出很有興趣的模樣。

「總算，一切的辛苦都有代價了。」宏明內心暗暗得意。

展售會結束，宏明一身疲累地回到公司，把資料往桌上一攤，這才大大地吁了一口氣。今晚，想必可以好好睡一覺。

拿出電話，卻發現上頭有三四通小劉的未接來電。小劉的座位還是今早的模樣，宏明心中有點驚訝，小劉和另一位新進同事今日代替他和重要廠商開會，竟然到現在還沒有回到公司。

正在考慮要不要打通電話詢問，此時手機就響了，顯示的是小劉的號碼。

宏明接了電話：「小劉啊，狀況怎麼樣了？展售會忙完，等等一起喝杯酒放放鬆一下啦。」

電話一頭的小劉聲音囁嚅：「我正在回公司的路上。宏明啊……這

邊出了一點小問題。客戶說今天合約內的簽約條件，和當初跟你說好的不同，還說當初你同意金額會再壓低十萬元左右。」

宏明聽了不禁皺起眉頭，自己從來沒有給客戶一個明確的優惠數字，想必是客戶看小劉不是最初的接洽人，故意刁難擅自壓低簽約金額。

「不可能，雖然客戶是重要廠商，但這個利潤對我們不划算。結果你怎麼做？」宏明越說越覺得大事不妙。

「我一開始也不敢確定，打了幾通電話給你都沒接，對方的態度很強硬，不過也承諾接下來會和我們長期合作，權衡之下我就照這個新的協議條件簽約了。」小劉硬著頭皮說。

「什麼？你竟然簽約了！」宏明覺得自己有點頭昏，小劉做業務好歹也有兩年的經驗，竟然還被擺了這麼明顯的一道！宏明有點氣憤，但又不好發作，這筆生意公司原本很有把握能拿到好價錢，現在這麼一搞，BOSS要是知道了，會做何感想？

隔天一早，小劉先被叫進了BOSS辦公室。從辦公室出來時，小劉一臉疲倦，經過宏明時低聲說了句：「真抱歉啊。」。宏明嘆了口氣，走進BOSS辦公室。

「這件事情，你的說法是什麼？」BOSS表情嚴肅地看著宏明。

「當天在會場我沒接到電話，否則我就可以馬上制止。只不過小劉實在太粗心，怎麼會犯這種錯誤呢，我先前明明有跟他提過價錢的落點啊？」宏明嘆了口氣。

「好，」BOSS做了個停止的手勢，「我大致已經知道事情始末，問題在雙方協調不夠，這樣你就該明白帶領團隊做好事前溝通有多重要。」

宏明覺得BOSS似乎話中有話，有點不服：「BOSS，你覺得這件事我

也該負擔部分責任嗎？」

「當然。團隊發生的錯誤，每個人都有責任！」BOSS的音量比平時大了好些，宏明被嚇了一跳，趕緊閉上了嘴。

「甚至我也有責任。」BOSS語氣回歸平靜地說：「因為我現在是主管，你們在協調上出問題我也沒有注意，廠商那邊已成定局，畢竟正式簽約了，對上級我會交代清楚。只不過我希望藉這個機會，給你一個機會教育。」

BOSS不似往日和宏明聊天時這麼輕鬆，一副平時開會的嚴肅模樣，令宏明不得不緊張起來。

💼 第一時間扛起錯誤

「當主管有份職責不輕鬆，那就是必須隨時代表團隊親上火線。令人敬佩的主管，除了有工作能力，還必須要有一雙扛得起事情的硬肩膀。」BOSS以凌厲的眼神看向宏明，「如果以你剛剛的心態接任主管，在團隊眼中，只會變成是一個扛不起責任的自私鬼！」

即使是股神巴菲特，在股市操作也曾犯過不少錯誤；像是脫手得太早、買得太貴等等，其實和一般人沒有兩樣。但是，巴菲特最不一樣的地方，在於他從不找理由搪塞；相反的，巴菲特總是非常坦然地承認，事情是因為自己判斷出錯而發生，甚至會找機會幽自己一默。

在年報中承認錯誤，是巴菲特的拿手好戲，頒發「最佳錯誤獎」給自己是他聊以自嘲的方式。甚至，有一年公司的損失特別慘重時，他還語帶幽默地表示：「今年金牌的競爭者非常激烈，因為我犯下的錯誤不計其數。」

　　巴菲特不將金額虧損視為應該遮遮掩掩的事情，他認為，唯有大家都了解錯誤政策造成的後果，清楚地攤開來討論，反而能避免錯誤再次發生。就像他曾經很坦然地告訴大家，因為他的估計錯誤，讓投資整整損失了近一億美金，隨後他明快地說明了解套之道，並和在場的夥伴檢討錯誤的原因。

　　然而，這些錯誤影響了巴菲特股神的地位嗎？結果顯而易見：「沒有」，反而越來越多人希望與巴菲特合作，更多人願意選擇信任巴菲特，不單是因為巴菲特勇於坦承錯誤，也包括巴菲特願意在事後將錯誤扛起，試著找出其後的解決方式，和許多怯於認錯的管理者相比，巴菲特的勇氣換得了更多堅定的信任。

　　「能成為受人崇敬的優秀主管，不是因為他總能做出正確無誤的決定；而是因為，他能夠承擔做決策後產生的錯誤。」以前，我不能理解這句話，承受錯誤的決策，怎麼會比做出正確的決定重要呢？多年的歷練後，我才逐步體悟出這句話隱含的智慧。

　　只要有一定的能力水平，要做出正確的職場決定並不困難；但是，當一個主管在團隊出現了錯誤時，能不能即時扛起責任，持續領導團隊修正腳步完成目標，需要的不只是工作能力，更需要智慧和面對勇氣。

　　「勇於承擔，是一句說起來簡單，但做起來萬分困難的事。」BOSS的目光筆直射向宏明，宏明忍不住低下目光。

　　當主管在對內面對團隊做錯事時，解決的方式不難，只要放下身段誠心道歉並找出解決方法，道理和一般人犯錯沒有兩樣。但是，主管身為團隊的領袖，處在對內和對外的中繼點，面對的狀況往往更為複雜。當團隊對外執行工作發生錯誤時，不管這件事情是自己做錯、還是團隊做錯、或是對方做錯，主管在第一時間都會受到炮火攻擊。

例如：今天有一間餐廳的客人食物中毒，接受採訪的絕對不會是當天料理的廚師，也不會是食材採買的負責人，而會是餐廳的店長。當政策有了瑕疵，或是某個重大刑事案件有了爭議，站出來說明和道歉的，永遠是該單位的最高負責人。當事情嚴重到個人無法在檯面下解決時，通常都是由主管出面協議。事情到了這個地步，個人疏失或管理疏失已不再重要，主管勢必得為團隊問題負責到底。

「主管的立場難為，有些時候，問題明明不在自己身上，但是面對客戶或是外界質疑，主管卻必須被逼上最前線去面對處理。」BOSS苦笑了一聲，「就像是現在的狀況一樣。」

宏明面露愧疚之色，但BOSS隨即接著說：「幸好事情並不嚴重，若是問題更大一點，現在就不是我坐在這邊和你說話，而是我站在老闆面前聽他說話。」

當主管站到最前線，怎麼樣的表現才得體？我曾說過主管是違背人性的職位，很多時候主管必須要對外界的批評照單全收，顧全大局，在第一時間道歉停損。然而，在態度上卻又必須不卑不亢，用堅定的態度保證會妥善處理，留下一塊保護團隊的空間，阻止外界炮火直接傷及團隊。

宏明原本緊閉著嘴，怕多說多錯，聽到這裡還是忍不住發問：「照這種說法，團隊裡的所有人犯錯都沒有關係，因為一切黑鍋都由主管揹，當主管難道不會太倒楣了嗎？」

「主管是責任較大，但不是替死鬼。」BOSS露出嘲諷的笑意。

* * *

主管的責任永遠超過權力，而優秀的主管是找到方法達成任務、扛起應負的責任。所以，當你的老闆發現某項工作出了問題，他不會把你的

團隊叫過去，他只會把身為團隊領導的你找去。因為部屬的問題就是你的問題，這時你要扛起責任，子彈飛過來不要站在部屬後面，你要第一時間就擔起團隊的過錯，而不是找理由推卸，一個會把責任推給部屬的主管，往往是很難獲得底下同仁的認同和尊重的。主動將責任一肩扛下，這樣既能快速贏得夥伴的支持和信任；同時也會贏得老闆的認同。學會認錯，不會影響自己在上司心中的形象，反而會讓你的老闆感覺到你是一個謙虛謹慎，勇於改正缺點、承擔責任的人。

BOSS的私房筆記

- ◆ 團隊的錯誤，每個人都有部分責任。

- ◆ 令人敬佩的主管，除了能力，還要有一雙扛得起事情的肩膀。

- ◆ 優秀的主管，不是因為總能做出正確的決定，而是能夠承擔決策的錯誤。

- ◆ 主管必須要對外界的批評照單全收，顧全大局，在第一時間道歉停損。

- ◆ 主管在面對錯誤的態度必須不卑不亢，用堅定的態度妥善處理，阻止外界的炮火直接傷及團隊。

- ◆ 主管對內及對外的責任較大，然而並非是所有錯誤的替死鬼。

承擔合理的風險

 職場生存語錄：
不要依據錯誤來制定政策，很多時候錯誤只是個案。

「追查出事實的真相」，是主管絕對不能疏忽的環節，因為主管通常不在事情發生的第一線，必須等到衝突發生後才進一步了解狀況。要主管承擔責任，並不是要主管把所有錯誤都往自己身上攬，當所有人的替死鬼；而是要在第一時間站在團隊前面，把對方的怒氣承攬下來，讓對方感受到：這件事情「到此為止，我會給你一個合理的交代」。再回過身來，和團隊共同探究責任歸屬，視真實情況依照規定做出懲處。

「在向你和小劉釐清真相前，我已經和上級報告過，總是得要先應付生氣的老闆，才能回過頭來對付你們。」BOSS打趣地說道，宏明心裡很不好受，覺得這件事連累到了BOSS。「但承擔沒什麼大不了，這不過是當主管職責的一部分。」BOSS說得輕描淡寫。

主管在第一時間出面承擔，是替傷口止血的不二方法。不管對方是什麼樣的人，只要聽到有人願意承認過失並給予賠償，尤其出面的人又是主管時，通常不會再進行猛攻，這時也才有機會開始後續的補救動作。

如果主管沒有先止血喊停，反而先探究責任歸屬問題；若是責任起點是在對方身上，難道你要強調這不是我們的錯嗎？這只會讓對方的怒火沒完沒了，實質問題並不會獲得解決。又如果這是團隊的錯，難道你要在

對方面前訓斥團隊一頓？這只會造成負面觀感，因為主管竟然不是先解決問題，而是直接找團隊麻煩。

有句話說：「國有國法，家有家規。」團隊就像是一個組織，當組織裡有人犯錯，就應該受到懲罰，但不應該是由外人來懲罰！依團隊規範懲罰叫做執行懲處，但將犯錯的人推給盛怒的對方，卻等於讓外人霸凌自己的下屬，一個聰明且有道義的主管，絕對不會犯下這種可笑的錯誤！

很多人都把主管的職責搞錯了，認為團隊裡有人犯了錯，就該把他揪出來丟出去被懲處，跟自己一點關係都沒有。要知道，主管就像是團隊的父母，一個孩子犯了錯，父母當然也有連帶責任；但是，就算孩子在外犯錯，外人也絕對沒有立場插手懲罰自己的小孩。

「千錯萬錯，主管最好是摸摸鼻子，先把一切錯誤扛住，追究的事回到公司以後再說。」BOSS一副看破紅塵的模樣，宏明追憶，光是自己進公司的五六年來，給業務部闖下的禍算一算還真不少。

在錯誤發生的時候，很多人會習慣替自己找理由，就算藉口屬實，那又如何？在客戶眼中錯了就是錯了，你解釋得再多，也不會讓客戶的損失變成獲益，因此，立刻道歉，擬定補償的方式才是最聰明的做法。

承擔事情的硬肩膀，是身為一個主管最應該具備的條件，主管要當團隊的防波堤，在事情釀聚成災前將浪頭止住，即使表象損傷了自己，也不能讓團隊和客戶直接產生碰撞。這樣的主管，不但在客戶和老闆面前展露了氣度和膽識，也搏得了團隊的信任和欽服。

香港首富，有塑膠花大王之稱的李嘉誠，在創業初期也曾經犯過大錯，險些毀掉企業名聲。由於資金不足，李嘉誠雇用了短暫培訓的工人進行生產，沒有想到產品品質低劣，訂購商紛紛登門抗議、要求退貨；而原料商得知了風聲，亦揚言要停止原料供應。屋漏偏逢連夜雨，銀行貸款又

到期，四面楚歌的情況讓李嘉誠的企業岌岌可危。

發生了這成品拙劣的事件，李嘉誠並沒有和廠商及客戶們避不見面；相反的，李嘉誠一一親自登門道歉、擬訂支付賠償的條件。由於一直以來李嘉誠名聲良好，守信、誠實的口碑早就深植客戶心中；此次危機處理又表現出誠心誠意，因此，絕大多數客戶都願意接受李嘉誠的道歉，並與他持續往來，李嘉誠的塑膠花事業才沒有一夕崩盤。

有一句老話說：「危機就是轉機。」很多時候，危機的出現正是讓你證明你與眾不同的時機，關鍵在於你願不願意勇敢承擔責任。

「要記得，」BOSS語氣堅定，透著對世事瞭若指掌的達觀，「人都會犯錯，主管不例外、團隊也不例外，重量級的世界名人也不例外。」

主管職位越高，需要承擔的就不僅是自己的錯誤，還包括團隊甚至是公司決策的錯誤。唯有一雙勇於承擔的硬肩膀，才能讓你在每一次錯誤中化險為夷，凝聚團隊向心力持續往上爬升。

語畢，BOSS和宏明之間有一大段長長的沉默，然後宏明呼了一口氣說：「BOSS，我想我懂了。很抱歉。」

BOSS揮了揮手，宏明準備告辭，轉過身，臨走前聽到BOSS出聲說：「還有一件事要告訴你，這次展售會辦得很不錯。」

* * *

一個主管是不是好主管，不是看他有沒有犯錯，而是看他在犯錯之後的所做所為。知錯並勇於承擔、改正，是一個領導者應有的風範，因為主管也是人，不可能完全不犯錯。當問題發生時，會選擇推諉卸責是人類的本能，因為沒人願意成為眾矢之的。但一個領導者應該知道何時該挺身而出為自己的團隊扛起責任。

BOSS的
私房筆記

◆ 承擔責任,並不是要主管把所有錯誤都往自己身上攬。

◆ 第一時間出面承擔,是替傷口止血的最佳方法。

◆ 當錯誤發生,立刻道歉,擬定補償的方式才是最聰明的做法。

◆ 一雙勇於承擔的臂膀,才能讓你在每一次錯誤中化險為夷,凝聚
團隊持續往上爬升。

◆ 主管要當一塊防波堤,在事情鬧大前將浪頭止住,不讓團隊和客
戶直接產生碰撞。

◆ 承擔錯誤的高EQ與硬肩膀,是身為一個主管最應該具備的基本
條件。

4-3 善用潛移默化，發揮置入性影響力

 職場生存語錄：

引導團隊不能只基於戰略，更要使之成為團隊基因。

小劉和廠商的烏龍事件，稍稍沖淡宏明對展售會成功的喜悅。

思考著BOSS所說的每一句話，宏明承認自己確實有錯。如果不是因為溝通不良，小劉怎麼會犯下這樣的錯誤？除了感謝老張和志偉在展售會的幫忙，宏明也向小劉說了聲抱歉，這個舉動出乎小劉的意料之外。小劉臉上驚嚇的表情，讓宏明暗自笑了好久。

管理團隊真的是不容易。每個人各有優缺點要注意，而且每個人的價值觀和用心程度也大相逕庭，光是常接觸的幾個同事，就讓宏明感覺到管理的難處了。

像老張性格冷淡，雖然講道理，但願不願意為團隊付出是另一回事。志偉更不用說，他做事拖拉迷糊，也喜歡逃避責任。

相對的，這次的案子雖然看出小劉處理事情不夠深思熟慮，但他卻一直很有幹勁和熱誠，反而帶領起來較為輕鬆。

光是這幾個人，宏明就拿不定該怎麼領導，更別說其他的人了。

BOSS曾說過：主管不但要自己成長，也要透過影響力刺激團隊，激發他們成長，一起向共同的願景邁步。

雙方有共同願景聽起來美好，但執行起來卻很困難。莫非自己要訂出一套團隊守則或是精神口號給他們嗎？像是電影中演的那樣，時時刻刻給他們洗腦不成？宏明滿腔困惑，決定和BOSS坐下來好好請教一番。

一如往常，BOSS桌上擺著一本翻開的書，正神清氣爽地啜著一杯茶。午休時間，業務部的人都知道BOSS會待在辦公室看書，除非有特別必要，否則絕不用這個時間接見客戶，和團隊會談就更不用說了。

BOSS愛書成痴，辦公室外的門邊有一大櫃子的書，是BOSS特地從家裡搬來讓團隊取閱，他還鼓勵大家把看過的書拿來與同事分享。

打從宏明進公司以來，這個習俗就存在了。有些同事甚至買書前會查查架上有沒有書，照理來說，業務部是個不該有書卷氣的部門，卻因為BOSS的鼓吹，每個人多少會在休閒時間翻翻架上的書籍。

★ 職場第 **17** 大罪狀 ★
期望團隊因為聽了理念就變得有使命。

宏明向BOSS提出自己的困惑，BOSS卻呵呵大笑：「很多主管想要發揮影響力，卻用錯了方法。像你，就犯下了一個嚴重錯誤：自顧自地說了一大堆理念，好像團隊只要聽了就會吸收，就會與你有共同的使命，真是太天真了！」

還有一些主管，他們會練就一套固定的說詞，相當然爾，這些話從來無法影響團隊，因為這些說詞太制式了，是一本冰冷冷的教材，讀起來處處是道理，但是團隊只覺得理念是一套，主管做起來是另一套。主管對團隊嘮叨，原本是善良的用心，卻忽略如何把這些道理，以深入淺出的方

式放進生活之中。光是說「道理」，往往是成效不彰的，因為道理不會自己和生活經驗相連結。

機會教育比制式理念更能深入人心

舉例來說：「宏明，我現在要告訴你守時很重要，但是我不會重複五天都和你強調守時有多重要。因為你聽得很清楚，我無需重複五遍，如果你不能做到，那只是因為你尚未有這個覺悟罷了！」

讓我們回味一下青春期的時光，父母應該都和你說過大道理，那些道理可能非常精闢，但當下你有立刻接受並且痛改前非嗎？絕對沒有。那麼再換另一個狀況：你有沒有做錯過事情，它衝擊了你的價值觀，然後別人再藉此「機會教育」，告訴你錯在哪裡？這種狀況，想必你立刻就能感同身受吧！

「人都是這樣，」BOSS嘆了一口氣，「當事情還沒發生的時候，不管是夢想、理念、大道理，就算別人再怎樣耳提面命，我們都是聽聽就算了。因為這些理論離我們的人生經驗很遙遠，要讓我們立刻接受難度很高。你不能拿道理去影響團隊，因為道理人人懂，甚至他們都可能說得比你好。」

「但是，道理、工作願景如果不說，團隊又怎麼會理解自己的使命所在？」宏明不服氣地問。

「所以，你要把道理變成他們可以吸收的養份。」BOSS的語氣帶著一絲笑意，「記得我曾告訴過你：內容不重要，重要的是你怎麼說，這放在發揮影響力也是相同的道理。」

　　影響必須被「置入」日常生活大小事情，要如同喝水、呼吸般自然，不能太過教條。每一件事情、每一個錯誤，都是主管給團隊機會教育的最佳時機。團隊擁有了這些錯誤的經驗，透過協助與修正後，再由主管賦予每一個經驗正確的價值，透過不斷累積，漸進地讓團隊明白，自己身上的使命感是什麼。

　　團隊的工作覺悟不是靠主管一張嘴給唸出來，主管自己必須要審時度勢，隨時把握機會教育，讓團隊能夠驗證主管說的話。

　　我曾經讀過一篇有趣的報導，記錄了巴菲特一天的作息。每天早上八點半，巴菲特就會進入公司，首先，他會打開電視播放財經台，同時閱讀十幾本不同領域的期刊和股票與債券通訊。

　　下午的時候，公司會將日報和相關資料送進巴菲特辦公室，讓他掌握公司各方面的表現和業績狀況。當一切正事都忙完，一有閒暇，巴菲特還會看看他一直感興趣但還沒有下手購買的公司財報，先研究未來的投資策略方向。

　　巴菲特日復一日，毫不鬆懈地花費了大量時間分析這些資訊，因此他在挑選併購的公司時，很少人會對他的選擇感到懷疑；即使有，巴菲特也能夠用自信的語氣告訴對方原因。巴菲特律己甚嚴，毫不馬虎地執行份內工作，他無需苦口婆心地要求底下團隊跟隨他的腳步，因為他自己就像是企業楷模，所有員工唯他馬首是瞻。

　　「你聽過一句話吧？」BOSS摸了摸臉上的鬍青，「身教重於言教。這句話正是深藏了置入性影響力的智慧。」

＊　＊　＊

　　孔子說過：「君子之德風，小人之德草，草上之風，必偃。」意思

是說，身為一個團隊的領導其所作所為就像風，部屬的行為如同草，風向哪裡吹，草就向哪裡倒，主管怎麼做，部屬就怎麼做，也就是說主管的一言一行都會引起所有人的關注和效仿。所以說：「其身正，不令而行；其身不正，雖令不從。」對於主管而言，不但要做到以理教人，更重要的是要做到以身示人、以情感人、以德服人。主管是團隊中的重要人物，主管的態度和行為隨時可以感染底下的夥伴，榜樣的力量是驚人的，一旦主管能在夥伴中做起表率、樹立起威望，將會使團隊上下同心，大大提高整體的戰鬥力。俗話說：「喊破嗓子，不如做出樣子」靠以身作則來教育、激勵你的夥伴，用不了多久你就會發現，你的部屬正在照著你的樣子去做。

BOSS的 私房筆記

◆ 主管不但要自己成長，也要透過影響力刺激團隊，激發他們成長，一起向共同的願景邁步。

◆ 說詞太制式不過是一本冰冷冷的教材，雖然讀起來處處是道理，但是團隊只會覺得理念是一套，做起來是一套。

◆ 機會教育比制式理念更能深入人心。

◆ 主管不能希望靠說道理去影響團隊，因為道理人人懂，甚至他們都可能說得比你好。

◆ 影響必須被「置入」日常生活大小事情之中，要如同喝水、呼吸般自然，不能太過教條。

◆ 團隊的覺悟不是靠主管一張嘴唸出來，主管必須要審時度勢，隨時機會教育。

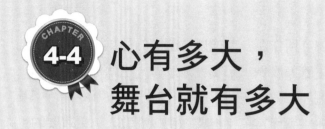

心有多大，舞台就有多大

職場生存語錄：

意念能創造一切、改變一切；意念的力量來自愛與喜悅。

　　一個主管，必須一言一行都符合自己說出的標準。置入性影響力，是透過生活細節滲透團隊意識，若是主管在言行上沒有稍加注意，很容易對團隊置入不當的「負面」影響。

　　舉例來說：我告訴你守時很重要。但只是嘴巴上說說，因為我自己常常遲到；這樣，我說的話在你心中會留下什麼感覺？你一定會覺得：「主管的話根本不可信！別說是遠景、目標，連守時也是自打嘴巴。」這樣一來，不但你苦心打造的守時觀念毀於一旦，之後在領導、教育團隊時，他們也會對你所說的話打上大問號。

　　希望成為一個優秀的好主管，就必須懂得「以身作則」的重要性，就和父母教育小孩一樣，身教永遠比言教重要。主管與其費盡唇舌教育團隊，反而不如花精力讓自己堅持每一個對的細節，假以時日團隊自然會看在眼裡。在我們身旁，總會出現一些令我們由衷敬佩的人；若要詢問他們最讓人敬佩的是什麼，答案絕不會是他們把話說得多漂亮，而是他們的行為、態度活生生就是值得學習的表率，這個道理放諸職場也一樣。只動嘴巴卻做不到，還不如不要說，這只會留給團隊糟糕至極的印象：你看，主管又在吹牛了。

　　同時，主管也不能忽視用詞和態度，它們常不自覺地在團隊心中埋進種子。有些主管覺得自己是上司，對團隊成員說話不用戰戰兢兢，卻不知道自己的言行當中的輕浮、勢利、不專業，全都被團隊牢記在心。

　　主管給予團隊任何指示，都應該注意自己的用詞是否得當，很多時候，並不是語言的內容出了問題，而是詞句的使用給了別人什麼感受？這都決定了團隊心中主管的形象，也會影響團隊看待公司的態度。

　　「舉例來說吧。」BOSS用手指了指報紙，「很多人常抨擊公眾人物發言不謹慎，因為他們的一言一行，都表率了某一階級的人生態度。」

　　試想看看，如果公眾人物的形象，在社會大眾中代表了奢靡、荒淫、勢利，那麼社會大眾會怎麼看待「成功」這件事？是不是擁有這些負面的人格特質，只要能「成功」也沒有關係呢？

　　或許當事人沒有意識，但一個公眾人物的言行，卻會讓大眾替他們的階級貼上標籤；相對的，主管的一言一行，都會在團隊心中塑造出上層和公司的形象。

　　當一個團隊不相信主管，通常不會是因為什麼大事情，反而是一次次細微的不滿累積而來，一個團隊的氛圍是好是壞，完全看主管事前下了多少功夫。

　　我們常會聽到周遭的朋友抱怨：某某主管很令人反感，原因多半只是些雞毛蒜皮的小事。例如：有些主管自視甚高，言談間讓團隊覺得自己是附屬品；有些主管則是說話不留口德，讓團隊一天到晚覺得被羞辱；有些主管則是在出了問題時，總是拿官腔出來搪塞團隊，讓他們感覺自己是公司的犧牲打、任務失敗的替死鬼，卻始終感覺不到主管展現誠意。種種員工感受的負面情緒，都代表主管在面對團隊時，不懂得以「適切的口吻」做溝通。

　　只要一點點言詞不當，團隊就能感受到主管是把團隊當成工具或親信，而這些都會影響團隊的價值觀、願不願意與公司長期抗戰、工作態度，也會影響他們從主管身上學習到的是付出或是自私、團結或是算計，兩種完全不同的結果。

　　我們會說一個人的教養不好，很多責任是出在家庭背景，因為父母會將自己的價值觀無意識地移植到小孩身上；而一個團隊的價值觀偏差，也常常是從主管的言行舉止開始，才會上樑不正下樑歪。

　　拿一個初來乍到的新人來說，當他初到部門，還不熟悉團隊的規矩，他只能用自己的眼睛揣測主管和同事的習性和態度，將自己調整到合適狀態。如果這是一間紀律嚴謹的公司，主管對工作的態度十分認真，團隊同事自然也不敢草率行事，這位新人就會告訴自己要兢兢業業；但如果他發現主管是個做事隨便的人，報告從不用準時交，交了他也不曾認真看，甚至連周遭的同事都暗示你不用太認真，只要矇混一下就能騙過主管，這位新人會做何感想？很少人會選擇做一個清流，因為跟整個團隊一起墮落，才最安全也最省事。

　　「宏明，我常常覺得，自己就像是你們的父親一樣。」BOSS說得很平靜，但宏明知道，BOSS確實把業務部的團隊當作家人。

　　「主管是團隊在社會中的父母，你希望團隊變成什麼樣的人，就該用什麼言行去教育他們。」BOSS臉上露出了一股慈祥的光輝，讓宏明覺得有點感動。

　　「養一個小孩，不是把幾本書丟到他面前，他就能夠茁壯成才。一個團隊就像一個家，每個家庭成員是不是信奉正確的價值觀、是否各司其職，主管就像父母一樣該負全責。主管必須在適當的時候給予教導，並讓他們有個信奉的楷模，這不但是主管的智慧，也是主管甜蜜的負荷。」

宏明走出BOSS的辦公室，看著門邊的書櫃，他突然理解到，BOSS的智慧，一直默默滋養著業務部裡每一份子，讓大家看著同一個方向。

BOSS的 私房筆記

◆ 一個主管，必須一言一行都符合自己說出的標準。

◆ 置入性影響力，是透過生活細節滲透團隊，若是主管沒有稍加注意，很容易對團隊置入「負面」的影響。

◆ 透過經驗的累積，讓團隊明白他們身上的使命感是什麼樣子。

◆ 主管的用詞和態度都不能忽視，它們常不自覺地在團隊心中埋進種子。這種子決定團隊心中主管的形象，也影響團隊看待公司的態度。

◆ 主管是團隊在社會中的父母，你希望團隊變成什麼樣的人，就該用什麼言行去教育他們。

4-5 捨棄瓶中水，才能得到更多水

 職場生存語錄：
「做對」，比光只是做重要太多了。

原以為展售會結束後，自己能夠輕鬆一點，但離BOSS退休時間越近，宏明發現內心的焦慮也越來越深。

這兩個月以來，當宏明與BOSS聊得越多，越覺得自己的視野和高度不足，在公司的表現處處矮了一截。

雖然展售會BOSS寄予肯定，但小劉的紕漏自己也難辭其咎。宏明暗暗打算，要在接任主管後一定要有一番突破，讓自己的表現得到肯定。

正好，最近朋友和宏明提到一位大陸的零件中盤商，這位客戶在內地市場頗大，連東南亞市場也有門路。

宏明心想：公司未來計畫在大陸和東南亞設廠，如果能搶先簽下這個客戶，絕對是業務部的大功一件。

獲得BOSS首肯後，宏明和對方進行接洽，雙方都覺得合作條件不錯，但時間問題卻讓對方打了退堂鼓。

因為對方有供需問題，必須一個月內簽訂合約，而宏明的公司要到明年才進大陸設廠；宏明推薦台灣的接續工廠，對方又嫌轉包成本太貴。

左思右想，似乎沒一個適切的方案，宏明只得無奈地回報BOSS。

BOSS沉吟了一會兒，就說：「現階段沒法合作，就留待以後吧。等內地設廠，再求合作機會也不遲。」

快到嘴的肉，宏明怎麼捨得放下？宏明硬是和BOSS爭論了十分鐘，卻說不出個立即的解決方法。

「宏明，你的心情我不是不懂。」BOSS語氣嚴肅地盯著他，「只不過我要慎重地告訴你，不要為了求一時的表現，把簡單的事情複雜化，不但苦了你自己，對公司也毫無幫助！」

宏明還要開口，BOSS便舉手制止：「你的理由夠多了，請先聽我把話講完。」

★ 職場第18大罪狀 ★
不懂得只做當下最需要做的事。

化繁為簡，是我領導團隊多年的體悟，這也是可以運作在公司組織上的道理。**透過簡化事務，主管才能讓團隊創造最大效益。**

「聽起來很容易，但你不見得透徹了解這個道理的用意。」BOSS嚴肅地看著宏明，宏明皺起了眉頭，思考起化繁為簡這四個字，可是怎麼想都覺得不對勁。

「你一定會覺得，一個優秀團隊不就該多多表現，能執行越多事情越好，這樣才能替公司創造績效啊？所以你也可能覺得，具備這種有衝勁的主管一定能夠替團隊加分。」BOSS像是說出宏明的心事，讓宏明臉上一熱。

「衝勁和野心，都是工作的良好動力；但是，如果沒有精確分析情

勢就展現過度的衝勁和野心，卻很容易把事情搞糟。」BOSS又用雙眼緊盯著宏明，宏明很熟悉，每次會議BOSS講到重點，都會用這個眼神掃射在場的每一個人。

有些主管為了力求表現，會領導團隊做出一些創新改變，但是這些改變可能在現階段並無必要、也有可能比較花費功夫，甚至完全不符利益原則。例如說：提出一個遠大企劃，或是重建一些公司制度系統，說好聽一點是為了公司好，而真正目標還是希望引起公司上級的賞識。

「我不是在批評你。」BOSS看出宏明臉上的尷尬。

處處考量為公司好，同時也要對自己好又幫團隊加分，這樣的想法很對也很好；但是，考量的首要重點必須是「凡是與公司利益沒有即刻關聯，卻又必須耗費大量效能的行為，不過是在浪費公司資源，而且還會拖垮團隊精力！」

「簡言之，就是好大喜功，沒有這個能耐卻又貪求表現！這可是很嚴重的罪過！」BOSS語氣加重了些，宏明覺得心裡一沉。

記得我說過嗎？一個好主管必須要了解公司制度，以及團隊的現狀，徹底了解以後，才能「量力為出」；做任何方案規劃前，主管必先檢視有無餘裕執行份外工作。如果答案是否定的，就絕對不能為了「功績」和「臉面」帶領團隊盲目衝刺，與其花心思在不必要的工作上，不如把現階段的工作做到完善即可。

主管在做決策前，一定要反覆動用腦子。如果，一場戰役的勝算不高，卻要耗掉千軍萬馬，能夠不打就絕對不打；不要為了奪功績把自己跟團隊活活害死！倒頭來，也只是落人笑柄。

宏明原本心裡還有些憤慨，BOSS一番話卻讓他無話可答。見宏明沒有反應，BOSS便繼續往下講。

公司需要的卓越主管，是希望他們能在僅有的時間內，精確執行把重點工作做好，專注在「該做的事」，而非「所有的事」。卓越的主管要懂得精準地將能量運用在每一個刀口上的戰鬥，免去勞師動眾打下一些可有可無戰役，自找一些工作把自己累死；這是主管絕不該犯的盲點，會造成這樣的狀況，純粹是主管沒有用腦筋去做深入思考！

BOSS的
私房筆記

◆ 透過簡化事務，主管才能讓團隊創造最大效益。

◆ 優秀的主管懂得只做當下最重要的事。

◆ 衝勁和野心，都是工作的良好動力；但是沒有分析情勢就展現的衝勁和野心，卻很容易把事情搞糟。

◆ 凡是與公司利益沒有即刻相關，卻又必須耗費大量效能的行為，不過是浪費公司資源，並且拖垮團隊精力。

◆ 如果一場仗的勝算不高，卻要耗掉千軍萬馬，不要為了奪功績把自己的團隊害死。

◆ 公司需要主管在既有時間內，直切重點做好「該做的事」，而非「所有的事」。

CHAPTER 4-6
運用簡化與乘法，達到最快效益

職場生存語錄：
順風、順勢、順流，方能千萬永恆擴展。

做主管的要替工作團隊把複雜的事變簡單，讓團隊在工作上能更省力。主管要懂得先用腦，才不會讓團隊做苦力。為此，你起碼得分辨出三件事情的不同：

BOSS舉起了三根手指。

第一、什麼事應該做？

第二、什麼事不用做？

第三、什麼事需要做，但現在不是時候？

只要主管能分辨出這三件事情的不同，就能看到一個立體的未來，而不是平面的當下。你才不會執著於有什麼事情還沒有做，反而會換另外一個角度，去思考自己應該要怎麼做事情，才能更有效率和效能，也會看清楚團隊工作中很多不必要的重複和浪費。

「主管要將精華戰鬥力放在最重要的部分，剔除現階段無力實行、或是沒有實行必要的工作，刪減掉那些毫無意義的瑣事，因為這些事全都是吃力不討好，既惹民怨，又添麻煩，何苦呢？」BOSS嘆了口氣：「可惜，就是有很多人，寧可依循制度，又不願意勇於做改變！」

例如：一個公司，同樣的工作報告，可能要填寫A、B、C三種不同表格，而這三張表格裡頭，有將近百分之七十是相同內容；這個時候，你可以重新擬定一個表格，有效率地將表格做整合處理，讓一張表格D就能滿足各部門的需求，規避相似文件滿天飛的窘境。

相對來說，公司裡常存在很多形式化的規定，是沒有任何實際意義的，主管要能找出其中有用的部分，刪去蕪雜的部分，利用改革，讓團隊發揮出最高效率，而非讓團隊的精力都消耗在處理沒意義的瑣事上，日復一日地降低工作效率。

要把化繁為簡的觀念常放心中，因為主管是腦，團隊是手腳，主管釋出的命令越簡單有力，團隊運作越輕鬆精準。所以統領團隊，進行龐大操作前，主管必須先透過簡化讓自己達到最高效益。

如果你是一個有抱負的主管，一定會希望工作上能多多表現。但是，我必須告訴你，凡是與現階段獲利無關的行為，不過是在浪費公司資源！一個好主管必須要先能「量力為出」，做任何建議規劃前，必須要先檢視有無餘裕、有無能力去畫出大餅並且執行。

與其花心思想花招，不如徹底審視團隊自身的運作狀況，部門所有工作狀況和流程是不是最有效率？哪些工作流程是必要的？哪些是在浪費時間？若是浪費應該如何刪減？好比：日常表單、報告、工作流程等等；你應該要將工作的精萃戰鬥力放在最重要部分以攻破敵陣，剔除掉現階段無力實行、也沒有實行必要的勞民大事，並刪減掉那些耗費心力和人員的牛毛小事。

一個主管要用的是腦，而不是用苦力，切忌以力服人！正因如此，你必須讓自己能清楚分辨「什麼事立刻要做」、「什麼事可以不做」，以及「什麼事需要做，只是現在不是時候」。

乘法

擁有了簡化、刪除的概念後，你就要開始善用「乘法」。一加一要能等於11，組合的效益要大過各別工作的效能；運用各部門互助相乘的力量，將公司的執行速率發揮出極限效能。

先來談談什麼是「乘法」？身為主管必須認清團隊能力、夥伴有什麼個別特質，團隊A和團隊B如果放在一起，工作效率和成果實踐是不是能收到最大獲利？如果答案是否定，團隊合作時就千萬不能將他們放在一起。

舊有的觀念常會誤導我們：人與人在相互合作上肯定會有磨合期，一開始總會有不適應。不正是要讓團隊有磨合的時間和機會，才能拓寬彼此的合作空間？磨合和失誤不是在開始時必須承擔的風險嗎？

事實是，工作講求效益，效益源於時間掌控，既然主管了解時間掌控的重要，就該把時間放在創造效能上，而不是抵消效能。所謂磨合期，是當兩個合適的人選彼此擺在一起，那種有效益的溝通才是磨合；但兩個不合適的人擺在一起，存在落差的溝通不過是浪費時間。

當績效不如意時，存在落差的成員嫌隙只會越來越大；然而，當團隊績效優異，所有磨合問題自動都會消失，「業績治百病」團隊會看到績效而願意自動調整配合度，差異自然而然會藉由更加投入而消弭。

當主管了解自己部門的強效效益何在時，你要進一步思考的是：我如何透過跨部門合作，來讓績效倍增？如何提出一個各部門都樂於配合的想法？該如何把餅做大，讓各部門都能夠分得一塊，進而樂意在做餅過程中幫助自己與團隊？

一般傳統思維下，會覺得各部門都在彼此競爭，如果我所屬部門的

功勞被其他部門佔去，我得到關注的機會就大大降低。請不要把高階主管看傻了！老闆們其實看得很清楚，當你的部門提出一個新企劃時，肯定會有前製作業，團隊必須先做好企劃報告，並且告知頂頭上司，再由上司去和各部門協調討論後續執行密度，先後順序清楚明瞭，事情源頭明明白白，怎會有哪個部門搶功的事？

　　一個提案成功了，勢必會在你部門加上一筆，光榮一定會歸屬到你身上，所以撇開這個不實際的擔憂，更重要的是，你該如何透過「分餅」概念，把光榮加到所有部門上。因為這樣才會有永續合作，才會讓其他部門在往後更加樂意協助你，願意配合你，而不是覺得你「貪功自私」，毀掉往後所有合作機會。

　　你所希望加諸在身上的光芒是小燈炮還是探照燈，你要曇花一現還是永續經營，光芒強度和寬度，都仰賴一個主管的智慧和雅量，好好用「乘」法，就能讓你在公司辦事通行無阻，兼顧裡子和面子。

　　「宏明，你要記得。用最少力氣達成最佳效益，才能讓團隊運作起來靈動自在。」BOSS說道。宏明點了點頭，卻忍不住嘆了口氣，失落感更重了。

　　BOSS看著宏明一臉愁雲慘霧，反而笑了出聲：「不要一副委屈的模樣，有野心很好，但要放對地方，如果你把剛剛向我解釋的衝勁放在正確的工作上，你就不會是這種表情了！」

＊ ＊ ＊

　　彼得‧杜拉克說：「在制定任何決策、採取任何行動時，管理階層必須把經濟績效放在首位。管理層只能以創造的經濟成果來證明自己存在的價值和權威。」身為一名稱職的主管應當「站得高，看得遠」，要把問

題和麻煩控制在一定範圍。

　　無論是制度的改革或是推行新方案，都需要帶頭的主管根據公司或部門的實際需要及所創造的經濟效益來評估，多設想決策可能帶來的負面問題，儘量避開可能會發生的意外狀況。改革宜緩不宜急，千萬不可急於求成，就像一列行駛中的火車，快速急彎的後果很可能就是翻車。

BOSS的私房筆記

◆ 主管應該要將精華戰鬥力放在最重要的部分

◆ 剔除現階段無力實行、或是沒有實行必要的工作，並刪減掉那些毫無意義的瑣事。

◆ 用最少力氣達成最佳效益，才能讓團隊運作起來靈動自在。

◆ 主管要替工作團隊把複雜的事變簡單，釋出的命令越簡單有力，團隊運作就能越輕鬆精準。

◆ 主管要能找出有用的部分，刪去蕪雜的部分，利用改革，讓團隊發揮最高效率。

◆ 在做任何規劃前，主管必先檢視有無餘裕執行份外工作。

◆ 主管要了解時間掌控的重要，把時間放在創造效能上，而不是抵消效能。

◆ 兩個不合適的人擺在一起，存在落差的溝通不過是浪費時間。

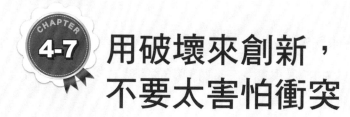

CHAPTER 4-7 用破壞來創新，不要太害怕衝突

 職場生存語錄：
衝突不過是現狀溝通不如預期的另一個面貌。

　　回家路上，宏明才發現手機又是好幾通未接來電。真糟糕，宏明嘆了口氣。

　　近來和老婆關係極差，兩人都避談緊張話題。剛進家門，宏明就覺得不對勁，客廳、廚房，甚至連臥室，一點燈光都沒有。宏明將日光燈打開，卻發現老婆和小宏都不在屋內，宏明這才回撥了電話。

　　「我們在醫院，小宏放學時不小心被路過的腳踏車撞倒，因為擔心有輕微腦震盪的情形，所以先到醫院檢查。」老婆的聲音聽起來很憔悴，「不過應該是沒事了。」

　　宏明心裡一緊：「很抱歉，我回家後才看見未接電話。」宏明撒了謊，但電話那頭的聲音很冷淡，「我等等就回家了，我不想現在討論這個問題。」隨即掛上了電話。

　　宏明覺得很心痛，一部分是小宏出事時竟沒有第一時間趕到，一部分是因為自己撒了謊。他實在不知道，為什麼和老婆之間會變成這樣？

　　當天晚上，將小宏抱回房間睡覺後，兩人沒有多做交談就各自就寢。背對背地睡在床上，宏明似乎聽見小聲的啜泣，但他沒有回過頭去。

隔天，宏明帶著黑眼圈走進公司，卻發現裡頭傳來爭執聲。

志偉面紅耳赤地站在老張桌前，一副猙獰的模樣，老張卻十分冷靜，坐在位置上，連眼睛都沒看向志偉。

「老張，別裝了。你背地裡說我什麼，你自己知道！」志偉咬牙切齒地說，老張看來平靜，嘴上卻不饒人：「你自己做壞了什麼，你自己也知道。展售會如果不是宏明幫你，輪得到你邀功嗎？」

「你……」志偉剛要駁斥，卻瞥見宏明走近，志偉才剛要向宏明抱怨，宏明蓄積一個晚上的不滿就首先發作出來了。

「吵夠了沒啊！一點小事也要吵，如果這麼愛吵就不要上班，出去打一架算了啊！」宏明近乎咆哮地吼出這些話，志偉和老張都呆住了，這個時候，BOSS正拿著一份報紙，幽幽地從門外走進來，看到了這一幕。

「BOSS早。」一群人齊聲問了聲早，就趕緊回到自己的工作崗位，BOSS沒說什麼就進了辦公室，直到中午才對宏明問起這件事。

「一大早，發脾氣給誰看啊？」BOSS語氣輕鬆，有點開玩笑的味道，「還是……和家裡的事情有關係？」

BOSS心思敏銳，宏明總是無法逃過法眼，只得一五一十地說了。

「或許，」BOSS手支著下巴，思索了好一會兒才說：「你和太太的問題，正是出在你們沒有好好吵一架。就像今早在辦公室發生的事情，或許你該做的不是阻止，而是放任他們自己廝殺一陣。」

「寧願讓衝突發生？」宏明不可思議地張大了嘴。

「別把衝突想得這麼可怕，衝突也是一種積極的溝通，」BOSS向椅背一靠，「而且是更為直接的深層溝通。」

衝突也能解決問題

衝突，常常讓許多人避之唯恐不及。因為衝突二字在華人社會，代表負面情緒與批評。我們常聽長輩說：「以和為貴」，和平似乎是溝通最圓滿的結果，衝突則代表溝通嚴重破裂；夫妻吵架時勸和不勸離，吃了點虧就說「退一步海闊天空」，在職場上，大家也習慣對不認同的事情閉上嘴，只為了避免正面衝突，認為只要有衝突，就會影響團隊的和諧性。

絕大多數的人都被既定觀念綁架了，我們從小被告知衝突是不好的，因而忘了去省思衝突這件事的背後意涵。

「現在，你重新看看衝突的發生順序，不就是兩個人意見不和或是心裡有疙瘩，然後藉機把問題說出來嗎？有時可能是對話的聲音比較大聲罷了，這有什麼大不了的？只要不是惡意中傷或扭曲事實，反而能聽到平常無法知道的事。就像老張和志偉，你和你太太，就是因為沒有把事情說出來，問題才解決不了。」BOSS目光深邃，看似悟透許多人性隱藏面。

意見不和就需要溝通，而衝突也是溝通的一種，只不過講話的聲音比較大，目的同樣是為了解決問題。「要讓問題解決，有時候要靠衝突這種直接的方式，這在你當了主管之後，更應該銘記於心。」BOSS說。

有時候衝突反而是最好的溝通方式

一個夢幻團隊，一定擁有許多想法個性不同的人，當衝突發生只會激發更多火花。身為主管，應該抱著開放的心態去迎接衝突。有衝突發生就代表團隊的活力和多元，如果團隊裡每件事情都一呼百應，連一個不同意見的聲音都沒有，那麼你才要覺得奇怪。因為，這個團隊的同質性太高

了，高到沒有人能夠看到不同的東西，不然就是有人在說謊，這兩種可能，對團隊都沒有絲毫幫助！

衝突有時能夠協助團隊看到事情的不同關鍵，引導出問題最深的癥結。當主管的反而有機會發現工作盲點，也可以理解團隊對事情的不同看法，甚至激發出團隊尚未開發的潛能，這對公司有益無害。

因此，主管該做的不是避免衝突，反而是坦然地迎接衝突。身為主管的就應該引領團隊接納一個正確的想法：「對事不對人」，只要你們的目標是為了團體好，沒有任何衝突可以分裂這個團隊。

「不過，我們怕氣氛尷尬，難做人嘛。」宏明皺起了眉頭，「畢竟，我們也常被告誡，為彼此留一分見面餘地。」

「你想表達的，是做人和做事怕兩相衝突吧。」BOSS嘆了口氣，搖了搖頭。

＊　＊　＊

衝突也是溝通的一種，衝突與生氣是可以的，但要在衝突後，學習表達彼此的需求與地雷。通常部門內長期共事的人員若是發生衝突，讓他們自己去調解是最好的方法。因為當事雙方是在同一個部門工作，因平常接觸多，彼此也比較了解，對產生矛盾或衝突的源頭，和事情是怎麼衍生為衝突的過程也心知肚明，如果他們能夠把各自心裡的話，直接坦誠佈公地交流，以工作為重，仍然有希望繼續做同事。而做主管的只需在一旁觀察發展，促使其儘量自行解決，達成共識即可，能不介入就不介入。

BOSS的
私房筆記

◆ 衝突也是一種溝通，而且是更為直接的溝通方式。

◆ 意見不和就需要溝通，而衝突就是溝通的一種，只不過講話的聲音比較大。

◆ 當衝突發生會激出更多火花，身為主管，應該抱著開放的心態去迎接衝突。

◆ 如果團隊裡每件事情都一呼百應，那表示團隊的同質性太高，不然就是有人在說謊，這兩種可能，對團隊都沒有幫助。

◆ 衝突有時能夠協助團隊看到事情關鍵，引出問題最深的癥結。

◆ 衝突能讓主管有機會發現工作盲點，也可以理解不同團隊對事情的看法，甚至激發出團隊尚未開發的潛能。

◆ 只要衝突的目標是為了團體好，就沒有任何衝突可以分裂團隊。

CHAPTER 4-8 不要想「扮好人」，對的事就要放手去做

 職場生存語錄：

錯誤無法抹去，然而不愉快卻可以停止。

多數人總是對「工作氣氛」好與壞有顧忌，原因都是怕「做對事」會「得罪人」。團隊害怕衝突讓彼此日後相見難做人，就連主管也不太敢挑戰團隊的情緒，深怕衝突的產生會讓氣氛難堪，影響彼此的工作心情。

這種狀況，在小型辦公室內常常可以看到，同事們為了維持表象和平，有很多錯誤明明大家都不能互相忍受，卻沒有人敢戳破這個泡泡，放任情況惡化到無法解決。當一個主管應該出聲的時候，就絕對不能姑息養奸；要知道，如果錯誤沒有即時被指正，很有可能種下未來的禍因。何況，有些看似錯誤的事情，只是因為還沒有被了解與溝通，只能放在彼此心中互相猜忌。

有很多只想扮白臉的「好人主管」。因為太想要粉飾太平，總是盡量去避免處理尷尬的局面，反而讓團隊處於危險平衡。說穿了，還不是不敢面對可能會發生的衝突。

衝突有這麼可怕嗎？我真的得要告訴你，衝突沒什麼，因為所有衝突都是好事。如果你害怕有人拍你的桌子，那你還是別當主管了，因為你只會帶出一群膽小怕事的團隊。

　　為了處理好一件事，主管勢必常常要逆著一些人的感受做事，讓某些人暫時感到不爽。然而，當事情是往正確的方向走，達到了你所預期的成果；明眼人都會知道，這件事情是不是正確獲得處理，這樣的話，又有什麼情緒是不能解套的？

　　「會希望『扮好人』而不想『做對事』的主管，通常到最後連好人都做不成，因為事情累積起來錯得一塌糊塗，團隊最後只能互相怨嘆當初沒有做出正確的決定了。」BOSS閉起眼睛，陷入思索，然後又睜開雙眼幽幽地向宏明說：「擔心衝突會影響情緒、造成工作不方便，這些擔心，其實都在挑戰主管的勇氣。」

　　賈伯斯在蘋果電腦公司擔任執行長時，是出了名的鬼見愁。當時蘋果電腦公司對所有部門，全面進行大刀闊斧的裁員；最有名的例子，是員工們甚至害怕和賈伯斯搭乘同一台電梯，因為賈伯斯常會看到一個不熟悉的人，便過去盤問對方的工作內容，如果賈伯斯對這名員工的說法並不滿意，他會在電梯抵達時立刻請這名員工收拾東西走人。

　　這段猶如地獄的日子持續了一段時間，有不少員工和幹部對此大感不滿，甚至和賈伯斯爆發了嚴重口角衝突！但是，賈伯斯卻非常堅持人事變動的必須。賈伯斯說：「唯有經由菁英制汰選，我們才能確保團隊精質化，公司不需要多餘人力去消耗無謂成本。」賈伯斯的堅持當然沒有讓他變成好人，而是將他變成人人聞之色變的魔鬼執行長。

　　後來事實證明，人力精簡的決策很正確，有別於一般大型電腦公司的人事龐雜，蘋果電腦公司只需培育一小群菁英員工就能開發高獲利產品，這讓蘋果電腦的獲利率大幅上升，也精簡團隊的溝通，運作更通暢無阻。如果賈伯斯為了「做好人」而退讓，更動了人事的決策，蘋果電腦早就被龐大的人事成本壓垮，公司倒閉可要比裁員嚴重多了。

在職場上，除非是有道德破洞，否則沒有什麼事情，是不能填補的。如果你連這一點做正事的道德勇氣都沒有的話，那麼你就不要妄想當一個成功的主管；因為，你的團隊遲早有一天會死在你手裡，可能是一個埋藏很久的問題在關鍵時刻爆發，也有可能是太多潛在因素制約團隊與公司發展。

「請你記得，一個好人是當不了成功的主管！」BOSS的一句話，讓宏明深刻感受到了前所未有的震撼。

「想要做好人，就成不了大事嗎……」宏明呢喃著這句話，突然想到之前和老婆的爭執，兩人都害怕把問題癥結說出來，所以一直拖著，才會讓關係一壞再壞。自己和老張、小劉、志偉，彼此都有一些芥蒂，卻始終沒有人把問題攤開來講。

或許，發生衝突，反而能夠解套這一切。BOSS看著宏明臉上複雜的表情，幽幽地說：「一個好人當不了主管，但也不是要你去當一個壞人。」

只不過，一個老是拿好人牌來迴避問題的主管，絕對沒有辦法幫助自己和別人成功。所謂的主管，要同時扮演嚴父，也要扮演慈母，在需要了解對方想法時，即使是大吵一架也很重要。

只要把握一個重點：像父母關愛小孩一樣，所有的衝突，都是為了讓團隊更好。只要有這個牢不可破的大前提，衝突無需害怕，盡情地讓團隊在正向的衝突中，解放限制，暢所溝通。

「就像是你和老婆的關係，只要你們願意解決問題，不都還是一家人嗎？」BOSS說完這句話，便揮了揮手，「今天早點回家，把家事處理好吧。」

　　傍晚時分，宏明站在家門前，手裡拿了一束玫瑰花，覺得有點難為情。這種行為不知多久沒做了，似乎從結婚後，就再也沒有和老婆單獨享受一點浪漫。兩人都拿現實當作藉口，謀殺了生活的甜蜜溝通。

　　是的，這一定是問題所在。所以他今晚決定好好和老婆談談，就像和老張、志偉的問題，下星期也要一起吃個飯把事情說清楚，或許這就是解決的開始。

　　宏明下了決心，抬起頭來，走進了家門。

＊　＊　＊

　　對主管而言，做好人、事事不得罪人、在管理上睜一隻眼閉一隻眼，是無法成為一名好的管理者。做好人，懂得體恤夥伴，固然很好，但身為一名主管，不能只是考慮感情因素，更要從全局來看問題。如果你只想做好人，不得罪人，因一時的婦人之仁而姑息養奸，反而導致部門蒙受損失，讓部屬沒有成長的機會。一味祖護、縱容部屬不知進取，只會讓自己腹背受敵，夾在部屬與老闆中間痛苦不已，對組織發展和團隊績效也毫無貢獻。

　　一個只想當老好人的主管不能幫助部屬成長，因為他不願指出和制止底下夥伴的錯誤。從這個角度看，從來不批評員工的主管也不會是好主管。

　　主管不僅要當好人，也要懂得當壞人，主管應該擔任部屬的「教練」，要想辦法改變部屬不正確的工作態度及方法，該懲戒的就要大膽地放手去整治團隊弊病，讓每個人有所學習與成長，這樣他們才能擁有獨當一面的能力。

BOSS的
私房筆記

◆ 會希望「扮好人」而不想「做對事」的人，通常到最後連好人的都做不成，因為事情會逐漸錯得一塌糊塗。

◆ 當一個主管應該出聲的時候，就絕對不能姑息養奸，如果錯誤沒有即時被指正，很有可能種下未來的禍因。

◆ 所謂的主管，要同時扮演嚴父，也要扮演慈母，在需要了解對方想法時，即使是大吵一架也很重要。

◆ 如果你害怕有人拍你的桌子，那你還是別當主管了，因為你只會帶出一群膽小怕事的團隊。

◆ 除非是有道德破洞，沒什麼事情是不能填補。

◆ 「所有的衝突，都是為了讓團隊更好。」只要有這個牢不可破的大前提，就無需害怕衝突。

The successful leaders' know how

Chapter
第五章
05

剛與柔的
　　火候與尺度

Work place survival collected sayings

職場生存語錄：
光有才幹是不夠的，剛柔並濟方為領導統御的上乘功夫。

真正稱職的主管要有三識：知識、膽識、強勢。

前兩項或許你可以理解，但強勢的主管，在一般人的心中多半不受歡迎。你是如何定義強勢的？是固執、還是霸道，或者是不近人情？如果你是這樣想，那就徹底誤解「強勢」兩個字的定義！

我可以明白的告訴你，強勢對主管是一種必須的手段。什麼是強勢？**所謂的強勢是：堅持原則，不輕易妥協任何該做對的小細節。**一般人所謂的態度霸道，要求不合理，不夠尊重人，不顧及團隊面子等等，這並不叫做「強勢」，那叫做「惡霸」。

強勢不是命令人，主管可以很強勢，但卻不讓團隊覺得被壓制。關鍵因素很簡單——只要尊重團隊。

沒有一個人喜歡被管理，卻很容易被激勵與影響；當主管要求團隊的同時，除了必須堅持紀律原則外，更應該加諸使命感給團隊，讓團隊感受到自己是被尊重、有參與感，在這雙重的情感推動下，團隊自然能自發性地將工作做好。主管若是要貫徹公司的紀律原則，不夠強勢是做不到的！

主管如果不強勢，公司是絕對不會強盛！主管就像船長，船長必須清楚方向和經緯度，得要了解平衡船身時，哪個部分必須做有效調整。

試想看看，如果船長問水手說：「我現在要往某一個方向走，我可能必須將時速調整為幾海哩，這個要求會不會造成你的負擔呢？」如果機長問空服員說：「由於我等等經過的領空可能會遇上亂流，必須做一些飛行調整，這樣會不會造成你工作上服務顧客的麻煩呢？」當主管以這種心態去妥協每個人的感受，事情還會做得好嗎？

　　主管若是胡亂給予團隊尊重，並不是在幫助團隊，而是在危害整個團隊。而一間公司，更可能會因為主管太過委屈求全，導致進度延誤、錯失定單、損失客戶，到最後老闆和團隊的臉色都會很難看。

　　真正的強勢是不輕易妥協任何「對」的小細節，了解強勢的真正意涵，你才能正確地使用剛柔並濟這把寶劍，也唯有如此才能夠促成整個團隊茁壯而至成功。

5-1 帶人要剛柔並用，領導要軟硬兼施

 職場生存語錄：

卓越管理不單是能力與方向的雙全，它不是行為，而是一種
專注。

星期一例會，BOSS再次投下震撼彈。

當每個人闔上資料夾準備離開時，BOSS突然清了清嗓：「之前和大家提過我要退休的事情，時光飛逝，現在剩下不到兩個月的時間了。」

BOSS的聲音透著一股感觸，大家都停下動作。

平心而論，BOSS確實是位好主管，業務部一路走來遇到不少難題，像是幾年前業績不好，部門面臨裁員危機，都是由BOSS一邊向上層爭取，一邊指示團隊多方開拓客源，才能領導團隊渡過資遣難關。

想到BOSS幾年來的照顧，甚至有幾位女同事紅了眼眶。

「我今天不是要發表退休感言，先把眼淚收起來啊。」BOSS打趣的一句話，把大家都給逗笑了。「由於時間所剩不多，我想是時候進行權力移轉交接，由你們的新主管帶領團隊試試水溫，這也是我和公司報備過的。現在起，業務部直接授命於宏明，至於我，則是在必要時給予意見，當個垂簾聽政的老頭子。」

BOSS一席話，讓現場所有人目瞪口呆，其中嚇得最厲害的是宏明。

　　「宏明也別開心的太早，你如果為非作歹，我還是有拿你開刀的權力。你要鬆一口氣，還得等到我離開公司的那一天。」所有人都笑了出聲，宏明也只得訕訕地笑了。

　　會後，宏明被叫進BOSS的辦公室。BOSS一副功成身退的模樣，在座位上看著宏明直發笑。

　　「BOSS，你這樣提早卸任對嗎？」宏明忍不住嘟囔了一句。

　　「不是我想偷跑，如果不讓你直接領導團隊，很多問題只能紙上談兵，我不想等到退休之後，你才哭哭啼啼地打電話來討救兵。」BOSS露出得意的笑容，宏明突然羨慕起這位長輩，這麼快就要去享受餘生，自己卻還在努力打拚呢！

　　「所以，」BOSS鬆了鬆領帶，「現在起，例會、部門溝通、業務決策等事宜，統統全權都由你直接溝通，當然，你還是得和我討論，我可不想在離職前看你捅了什麼大簍子。你可以當我是幕僚，協助你把團隊帶領得更好。」

　　BOSS一邊擺上兩組茶具，一邊斟茶：「所以，現在是幕僚時間，請問主管大人有什麼問題嗎？」

　　宏明思考了一下：「我現在有點拿不定該用什麼態度去面對團隊。是要開始扳起臉孔，還是把他們當成朋友呢？」宏明想到自己以往和志偉、小劉走得比較近，這下子身分突然轉變，有一種不知如何重新定位關係的感覺。

　　「簡單來說，是該要『威權管理』或者是『柔性管理』嗎？」BOSS喝了口茶，語調平靜。

★ 職場第 **19** 大罪狀 ★
太過柔性的管理，會弱化團隊的企圖心，讓團隊失去分寸。

很多人會認為，主管應該要是惡魔，這種觀念在保守一點的舊時職場比較盛行。他們相信，唯有力行威權管理，把自己變成軍教片中嚴苛的班長，才能把團隊鍛鍊得驍勇善戰，起碼，讓團隊是服從秩序的。

然而時代改變了，也有人說威權管理已經過時，他們拿出全新的口號：「柔性管理」，強調以人為本，用理解團隊替代壓制團隊。充滿美好的憧憬，但也不過是從一個框框走進下一個框框，更是犯了職場的重罪。

「『柔性』和『威權』兩種管理方式都有優點，但也有無法避開的致命傷。」BOSS注視著宏明，似乎看出了什麼。

💼 極度的柔性只是溺愛

「太過柔性的管理，會弱化團隊的企圖心，並讓團隊失去職掌分寸；但是太過威權的管理，則會讓團隊綁手綁腳，失去凝聚力。但我覺得，」BOSS的眉毛若有似無地一挑，「你的問題似乎是出在太過執著於柔性管理。」

宏明心裡一驚，自己總是和公司同事走得很近，這件事對成為主管有影響嗎？BOSS沒有多做說明，就接著往下說。

柔性管理強調的是──主管應該先影響團隊的思想，當主管用思想引導團隊，他們的行為自然會受到影響。「就像我告訴過你的，用置入性影響力影響團隊，讓他們自發性地提升。聽起來很好，但實際做起來沒有

這麼簡單。」BOSS一副神祕的模樣。

柔性管理的訴求，完全是以人性的真善美去看待管理，好像主管只要用心，團隊就會如你所願的做事，這實在非常不切實際。因為，如果主管沒有透過一些制度去規範團隊，讓人們的行為模式有遵循準則，是絕對無法帶領人心的。

「這個道理就像：一個人沒辦法只看著食物就得到營養，你必須先把食物拿在手中，送到口中咀嚼、消化，營養才會進入你的血液。」BOSS微笑著說。

如果主管不規定你必須伸手拿食物吃，只是告訴你這個食物很營養，那麼這個團隊的人很有可能完全不會動手拿食物。團隊不是聽不懂人話，他們知道做什麼事情才是正確，卻寧可遲到、浪費公司資源，就像吃了一大堆對公司毫無幫助的垃圾食物。你問為什麼？我只能告訴你，因為這就是人性。

正派的事情做起來並不輕鬆，人性都是好逸惡勞，如果你不強迫人們去做，根本沒人想主動去執行。

「於是，你與公司將永遠都不會得到想要的成果。太過柔性即太過縱容，如果你天真地把每個人都當成聖人，最後只會苦到主管自己。」BOSS眨了眨眼，「記得之前志偉總是請你幫忙，懶得自己動手的事件嗎？這就是柔性管理過了頭所帶來的惡果。」

「柔性管理」的好處，在於給予團隊適度的調整空間，並且理解團隊的能力程度，當主管越理解團隊，就能在關鍵時刻給予支持。但是，它所欠缺的是給予團隊刺激，甚至給予適時的挫折；兩者能兼顧才是最完整的關懷，就如同父母帶小孩的道理一樣，方能讓團隊在理解和挫折中成長。

宏明皺了皺眉頭：「所以，威權管理，反而可以透過規範去要求團隊囉？」

死板的權威讓人喘不過氣

是的。柔性管理欠缺的就是嚴謹的規範，而這點正是威權管理的強項。嚴謹的規範可以避免團隊不守秩序，但是這也會造成一個必然結果：主管意見大於一切，團隊習慣聽命行事，在運作上也失去了生命力。

當「制度就是一切」的觀念在團隊心裡生根，團隊的創意，會因為害怕違反制度、擔心得罪主管而被抹殺。缺少彈性的紀律，會把團隊馴化得唯唯諾諾的「死上班族」，你要他們突破現狀、精進自我，他們卻完全不敢這麼做，因為他們已經習慣聽命行事。

「這樣聽起來，主管要怎麼選擇領導方式才對？」宏明聽完更加迷惑了，柔性管理和威權管理似乎都不夠完善啊？

「你只要記得一句話，」BOSS的嘴角上揚，「不管是柔性或威權管理，只要在當下是『有效的管理』，它就是最佳的管理。」

* * *

綜合來說，主管的親和力和威嚴不應該是完全矛盾的，兩者之間其實是可以相輔相成的。主管要率領團隊達到目標，完成工作任務，光是有威嚴是不夠的。雖然威嚴有助於管理者推動部屬執行任務，但是太過強調主管之威，則容易讓上下級的關係疏離，同樣會不利於任務的完成，所以必須輔以一定的親和力，多與夥伴交流，以達到上下同心，才能齊心團結締造高績效。

　　既要用硬的制度來約束下屬的行為，又要以情感來拴住夥伴的心；既要有嚴厲的懲罰、嚴格的批評，又要時常對夥伴表示關心和愛護，既能訓斥又能安撫，這樣底下的人不僅能改正過錯，而且心悅誠服，對你這個主管更是敬愛又崇拜。你帶領的團隊工作起來也會更靈活、高效。

BOSS的
私房筆記

◆ 太過柔性的管理，會弱化團隊的企圖心，並讓團隊失去分寸。

◆ 太過威權的管理，會讓團隊綁手綁腳。

◆ 如果主管沒有透過制度規定團隊，讓他們的行為模式有遵循準則，是絕對無法帶領人心的。

◆ 「柔性管理」的好處，在於給予團隊適度的調整空間。

◆ 當「制度就是一切」的觀念在團隊心裡生根，團隊的創意，會因為害怕違反制度、擔心得罪主管而被抹殺。

◆ 缺少彈性的紀律，會把團隊馴化成唯唯諾諾的「死上班族」。

◆ 不管是柔性或威權管理，只要在當下是『有效的管理』，它就是好的管理。

◆ 主管胡亂給予團隊尊重，不是在幫助團隊，而是危害團隊。

◆ 真正的強勢是不輕易妥協任何「對」的小細節。

◆ 了解強勢的真正意涵，你才能正確的使用剛柔並濟這把寶劍。

5-2 學通加減乘除，
視情況而彈性應用

 職場生存語錄：
學會不要陷在團隊挫敗裡，也不要急著尋求團隊肯定。

　　卓越的主管，並不會只用一種方式去管理團隊；卓越的主管懂得講求剛柔並濟，視情況不同，用不同的方式要求團隊。一個好主管不但會給予團隊成長空間，洞察他們的能力和發展性，更會在關懷團隊時讓他們知道：要成就非凡就必須先歷經風雨。

　　一個稱職的主管，懂得區分什麼時候該關懷團隊，什麼時候該嚴厲教訓，也會讓團隊知道錯在哪裡，並引導團隊在錯誤中學習。主管應該在威嚴和柔性管理之間拿捏分寸，當下該用什麼方式讓團隊成長，區分何時該調整管理方式才是最好最有效能的。

★ 職場第 **20** 大罪狀 ★
只懂得在乎形式而忘卻正確方式。

　　「所以宏明，」BOSS語帶深意地說：「一個卓越的主管，根本不該區分所謂柔性或威權的管理方式，如果你硬是讓自己的管理有一個『模式』，那你就會失去帶領團隊的彈性。」

　　領導之所會被分為「柔性」和「威權」兩大類，就是因為主管往往搞不清楚該帶給團隊什麼。因此，只好用制式的管理帶領團隊。一部分的主管覺得，我就是團隊的上司，有威權形象你才會乖乖照我說的話做事；另一部分的主管則是把團隊當成朋友，帶他們吃喝玩樂，想要當一個團隊心目中的「好人」。

　　這兩種主管，只是把團隊當成做事工具，或是害怕自己不被團隊支持，說穿了，他們的手段背後缺乏前瞻性思維，絕對無法成就團隊，也無法成就自己，更是犯下了嚴重的職場重罪。

　　聽了BOSS一席話，宏明突然恍然大悟，原來自己所擔心的，不過是「形式上」的問題：「也就是說，當一個主管清楚自己想為團隊帶來什麼，自然就能使用正確的手段來協助團隊囉？」

　　「沒錯，看樣子你懂了。」BOSS微笑。「所以這也回到我曾經告訴過你的：主管必須要設定清楚的目標，當目標清楚了，你的方法自然就會清楚。你可以偶爾當團隊的朋友，對他們顯露關心，但你也可以成為魔鬼班長，讓他們達成效率，這都要看主管有沒有用心觀察，團隊現在的狀況為何！」

　　一切的手段，主管都必須很清楚：這對團隊有什麼好處？唯有擺脫「行為模式」的框架，你才能了解何種方式對團隊最好。每個團隊在主管心中，都有一個期望中的樣子，當主管看清楚自己的期望，並了解團隊現階段需要的是什麼，就會找出適當方法去帶領團隊，並且決定該扮演「嚴師」或是「益友」的角色。

　　在新型態的社會意識裡，很多人被套在人本立場的框框中，這一群人不斷去強調以人為本的「柔性管理」。柔性管理強調：我們應該先影響人們的思想，思想被引導了，行為自然會受到影響。這個口號聽起來非常

理想，但卻不盡實際！為什麼呢？因為若是沒有先管理行為，是沒有辦法管理思想的！

如果沒有先規定一個人的行為，讓行為模式有個遵循的準則，是根本沒辦法影響思想，更遑論能夠帶領人心。讓我們回頭來談談威權管理，紀律在某個層面上可以免掉團隊不守秩序的困擾；然而當主管意見大於一切時，團隊習慣聽命行事照章辦理，團隊的運作相對地也容易失去活力與生命力。在傳統的觀念裡會認為制度就是一切，任何開創性的意見，都將因為害怕違反制度、得罪老闆的心態而被抹殺；僵化的紀律使團隊缺少彈性，威權管理會把團隊馴化成一群只會唯唯諾諾的領薪人士，無法鍛鍊出以一擋百的創造性人才與團隊。

管理的剛柔並濟，收放自如，並沒有一個制式的「模式」，因為每一個團隊的個性和成員都不同，唯有主管先把自己拉到高角度的思維，才能在思考過後，給予團隊最適切的領導方式。

BOSS像是很滿意這個結論，露出了開懷的笑容。

宏明回想BOSS在每一個會議之中是什麼表情，BOSS偶爾扳起面孔，偶爾語帶幽默，讓人拿不定這個長者的真實個性，BOSS是故意擺出不同面貌的嗎？

或許，現在的笑容，才是BOSS真正的樣子吧。

＊ ＊ ＊

帶領員工要像「鬆緊帶」一樣充滿彈性，面對業績上緊發條，工作空檔也要給夥伴適度放鬆的機會，有助於團隊的戰鬥力的延長。但是，在管理上若太人性化、過於有彈性，將導致團隊散漫，影響績效。也就是說主管在目標和制度上要堅定立場，但仍要保留一些彈性，以促進上下關係

合作融洽，提升工作效能。

◆ 管理的剛柔並濟，收放自如，並沒有一個制式的「模式」，唯有擺脫「行為模式」的框架，才能了解什麼對團隊最好。

◆ 卓越的主管，並不會只用一種方式去要求團隊。

◆ 卓越的主管懂得講求剛柔並濟，視情況不同，用不同的方式要求團隊。

◆ 一個好主管不但會給予團隊成長空間，洞察他們的能力和發展性，更會在關懷團隊時讓他們知道：要成就非凡必須歷經風雨。

◆ 當主管看清楚自己的期望，並了解團隊現階段缺乏的是什麼，就會找出適當手段去帶領團隊。

◆ 沒有先管理行為，是沒有辦法管理思想。

◆ 唯有主管先把自己拉到高角度的思維，才能在思考過後，給予團隊最適切的領導方式。

◆ 硬是勉強自己的管理有「模式」，就會失去了帶領團隊的彈性。

5-3 讓團隊自己制定制度
——規則價值

職場生存語錄：

賞罰不分乃是因為主管缺乏了方向感與必要技巧。

今日是宏明「假性上任」第一天，他心中有些忐忑，總覺得全公司看待他的目光都變了，甚至連稱呼他的方式也變了。

「陳主管」這三個字，他要好一會兒才能回過神來發現是在叫自己，但最不適應的莫過於業務部工作內容的轉變。

以往，宏明有很多客戶必須親自拜訪；現在，往外跑的機會少了，任何進度都有業務部同仁回報，宏明一下子覺得自己變得很閒，責任卻更重大，也是因為這樣，他才開始注意到辦公室內有許多問題。

宏明發現，不是每個人的工作量都這麼穩定。像是老張吧，因為他做事效率高，再加上「不沾鍋」的個性，總是很少雜事派到他身上。他處理完事情，就在位置上東摸摸西摸摸，看起來從容得很。但只要他一遇到出差拜訪客戶時就愁眉苦臉，因為老張的個性，就是不喜歡東奔西跑。

相對之下，小劉個性熱心，所以公司大小事情很容易落在他頭上，甚至同事之間有要事也常會商請小劉協助。宏明常看到，小劉捧著大小資料在辦公室東奔西走，出門拜訪客戶也總是活力十足，即使一刻不得閒卻仍然笑容滿面。只不過，他的報表做得真的不甚精緻，畢竟他哪來的時

間？

　　這樣工責不平均的運作方式，難道不會有問題嗎？宏明心裡納悶，決定問問BOSS的意見。

　　BOSS坐在辦公室裡看報紙，在他正式退休前，還是使用這間辦公室，只不過職務移交給宏明後，BOSS免不了露出一派休閒的模樣，看得宏明有點嫉妒。

　　「怎麼啦？主管大人，幕僚諮商的時間應該還沒到，閒得發慌嗎？」BOSS連頭也沒抬，埋在報紙裡丟出一句。

　　「是啊，」宏明訕訕地笑道，「正因如此，才有一些問題想詢問BOSS的意見。」於是，宏明將問題說了出來。

　　「BOSS，每個人工作量不等的狀況確實存在，難道我該規定他們每個人工作的方式，以達到相同效率嗎？」宏明不解。

　　「要每個人相同，這就錯得可離譜了。」BOSS放下報紙，笑著搖了搖頭，「這種想法，可是把團隊當成機器在用啦。」

★ 職場第21大罪狀 ★
死規矩只會讓團隊被限制住。

　　我先從一個老生常談的道理開始：每個人的個性、能力、工作效率都大不相同，用一套規則去規定他們用同樣方式、同樣時間、同樣模式去完成工作，要求每個人像機器一樣產出相同產值，這點是絕對行不通的。

　　主管帶領的是活生生的人，團隊裡的所有工作，也必須與他人互動

才能完成。正因我們從事的工作與人息息相關，工作也一定會充滿了變數，常會有很多不可避免的意外。若是你規定每個人只能有一套方式去面對所有變數，只會演變成兩種結果：一種是讓團隊綁手綁腳，一種是讓效率大打折扣。

宏明沉吟了一會：「所以，以制度要求他們，非但無法創造效率，反而會減損效率囉？」

「沒有錯。」BOSS點頭。

舉例來說吧，我們是業務部門，每一個人對客戶都有自己的一套，而不同的客戶也擁有不同個性，每一場簽約會議的狀況也大不相同。雖然我身為業務部主管，但我從來不教你們背誦固定話術，或者用某一套固定手法去招攬生意，因為客戶和業務員都是人，不是用一套簡單的規則，就能夠照單全收所有狀況。

規則不應該是冰冷的，它應該像是有機體，視使用者特質以及實際狀況而有所變化。

聰明的主管，絕不會用死板板的制度去制約團隊，團隊和主管的個性特質、做事方式可能並不相同，所以主管應該要用邀請團隊成員參與的態度，讓團隊成員成為制定規則的一份子。

舉一個最淺顯的例子：當我今天有一份工作要交派，如果我武斷地命令你，這份工作該什麼時候給我。你可能會忖度一下狀況後心裡想：現在我的手上有好幾個工作，一定會做不完，其中幾個工作只好隨便做一下，能過關就算了。並且不可避免地會產生一些負面情緒，心裡覺得主管實在糟透了，完全沒有顧慮你的現狀。

那麼，如果我換個方式詢問你，這個工作你需要幾個工作天才能完

成？因為每個人的狀況不同，手頭的工作量也不一樣，於是你思考了以後告訴我，需要五天的時間，然後我說，五天可能太慢，可以四天嗎？於是你再思考了一下，回答：我可以，那麼我們就共同達成了一個共識：這個工作可以四天完成，而且你的心中不會有怨言，因為這個規則是在你考量實際狀況後，自己訂下的。

你必須有一個概念：唯有當團隊成員認同了規則，這項規則才有其價值，否則在他們心中這項規則只是束縛，只會帶給他們很大的壓力，也讓他們擁有不遵守遊戲規則的叛逆理由。

「我了解不該用制式規則去限制個人，但是，儘管每個人的工作能力有差，也沒有道理老張閒得發慌，小劉就得忙得要命吧？所以我在想，難道不該制定規則，讓團隊中的每個人相互協助？」宏明皺起了眉頭。

「你能有這份心，表示你對團隊運作非常用心。」BOSS露出讚許的微笑，打量了宏明一番，像是在打量自己滿意的作品，「但是制定規則的想法太天真了，你當上主管就該知道，規則是無法管理團隊的，尤其是在工作互助這方面。我接下來就是要告訴你：一個好主管，不僅要看到每個人的不同特質，也要讓團隊之間找出彼此協助的方式，由他們制定出自己的律動規則。」

＊　＊　＊

用人貴在合適，是指所有的事都由合適的人去做，讓所有人都做相應的事，這樣就能充分挖掘人才的潛力，也提升了工作效率。你可以試著讓你的員工根據自己的能力和志向，設定自己的發展軌跡、目標，選擇合適的工作模式。就是把主動權交到部屬手中，讓他們在你的牽引下，為自己的選擇負起責任。讓他們自己決定、自己設定遊戲規則，他們會更能為這個決定負責，因為這個決定是由他自己的嘴裡說出來的。

BOSS的 私房筆記

◆ 主管帶領的是活生生的人，團隊裡的所有工作，也必須與他人互動才能完成。

◆ 若是規定每個人只能有一套方式去面對所有變數，只會演變成兩種結果：一種是讓團隊綁手綁腳，一種是讓效率大打折扣。

◆ 聰明的主管，絕不會用死板板的制度去制約團隊。

◆ 主管要用邀請團隊參與的態度，讓夥伴成為制定規則的一份子。

◆ 規則不應該是冰冷的，它應該像是有機體，視使用者特質以及實際狀況而有所變化。

◆ 唯有當團隊認同了規則，這項規則才有其價值，否則在他們心中這項規則只是束縛。

◆ 一個好主管，不僅要看到每個人的不同特質，也要讓團隊成員找出彼此協助的方式，由他們制定出自己的律動規則。

5-4　互利共生以利換利，
　　　團隊績效好上加好

 職場生存語錄：
　　所有的現況都只是一個過程。

　　我方才和你說，給每個人自己制定工作模式的自由，或許你會誤解，是要讓他們用自己的速度去做完自己的工作，就可以不顧他人的死活。團隊每個人的工作效率不同，不就有些人做得快，所以活該多做些事情，有些人可能混水摸魚，所以他們做的事情比較少也是理所當然？當然不是這樣。

　　團隊運作不是只有一個人，而是由一群人共同組成。每個人或許都有自己的工作律動，然而主管的職責，正是看出每個人的律動頻率，並想辦法將他們協調成互補的狀態。

　　團隊所有人的工作模式就像一塊塊拼圖，有的人這邊凸出來、另一邊凹進去，就像一個人有優點，也一定有其缺點；主管必須是一個拼圖好手，要懂得把不同的拼圖合成一個有意義的畫面，讓這些擁有不同特質的團隊，變成一個可以相互支援，彼此協調的團隊，這正是考驗主管的智慧所在。

　　所以，如果你了解我說的話，你就會知道，讓團隊制定屬於他們自己的規則，用意不是要分化團隊，而是讓他們以各自的方式將工作做好即可，而是把「如何與團隊其他人互動」，也加入變成制定規則的一部分。

　　舉例來說，你必須讓你的團隊成員知道，今天你不是做完自己的工作就好，公司要進步，必須要其他人也能夠順利完成他們的工作。所以，有的人效率好，在他做完自己的工作之餘，主管要灌輸給他們的概念是：你的工作並不只是自掃門前雪，應該運用你的長才協助其他人，我也會讓別人運用他們的長才，去協助你的不足之處。

　　一個主管要透過引導，讓團隊彼此互助協調，主動的「截長補短」，制定出一套互生互利的遊戲規則。

　　「簡單來說，你必須讓他們願意互助，但是又不能讓他們覺得自己吃虧。」BOSS清清嗓子，「這絕對不困難，智慧就在於這套制度你必須交給他們自己訂定。也就是說，你不能規定『他們一定要互助』，而是引導他們思考『怎樣的互助，對你、我都有利』。如此一來，他們就會自行找到運作的方式。」

　　宏明恍然大悟地拍了拍額頭：「所以，只要能夠找出對彼此有益的互助模式，就算我不制式規定，大家都會積極去開發互助的可能性囉？」

　　「是的，」BOSS點點頭，「但是你別忘了，你才是拼拼圖的人，你的角度最客觀，因此你也要引導團隊往正確的方向去思考。」

　　宏明點了點頭。老張適合條理性的工作，正好可以分擔小劉文書功力上的不足。而小劉熱心、好動的特質，也可以多替老張分擔業務開發的任務。

　　業務部門等於再次區分為兩個屬性不同的小組，每個人都能各盡所長，互相彌補不足之處，而彼此的工作又相互熟悉，隨時可以支援對方。如果讓老張和小劉好好討論，他們一定很樂意找出更好的互助方式，並且徹底執行，因為這對他們都有益無害，也能讓自己的績效處於不敗之地。

宏明突然覺得眼前一片開闊。

　　　　　　　　　＊　＊　＊

　　化妝品公司創辦人玫琳‧凱（MaryKay Ash）曾說過：「一位有效率的經理人會在計畫的構思階段，就讓員工參與。我認為讓員工參與對他們有直接影響的決策是很重要的，所以，我總是甘願冒著時間損失的風險，如果希望員工全都支持你，你就必須讓他們參與，越早越好。」所以將各式各樣的人才合理搭配，讓每個成員能夠優勢互補、目標統一，各自明白自己是團體必要的一部分，人人就能發揮自己的效用，也就形成了一個有凝聚力的團隊。

BOSS的 私房筆記

◆ 以制度要求團隊，非但無法創造效率，反而會減損效率。

◆ 一個主管要透過引導，讓團隊彼此協調，主動地「截長補短」，自己制定一套互助的遊戲規則。

◆ 主管必須是一個拼圖好手，要懂得把不同的拼圖合成一個有意義的畫面。

◆ 主管不能硬性規定組員一定要互助，而是要引導團隊共同找出互助互利的合作。

組織要百納海川，統合要點到為止

 職場生存語錄：

發掘出隱含在缺點背後的力量，就能變化出無限的可能。

宏明興高采烈，在業務部內進行一次小小的職務變動，反應出乎意料得好。

老張聽到這個消息露出了難得的笑容，能夠減少外出次數，他求之不得；而小劉熱心的個性巴不得成天趴趴走，也好過煩心於紙本報告。這次的提議，可說是皆大歡喜。

宏明開心得不得了，接連幾天下班熱情邀約小劉、老張、志偉等同事，甚至是業務部的其他同仁，想要好好為業務部改頭換面慶祝、慶祝。一開始，公司的同事都熱情捧場。但是這一兩個星期，當宏明提出邀約，甚至連小劉這個熱心的同事都露出了為難的表情。

「不好意思，宏明主管，我這個星期有約了。」小劉露出不好意思的表情，「之後有機會的話，我一定會出席的。」

志偉也不知是不是展售會的事心存芥蒂，雖然宏明就任實習主管起，雙方又恢復了往日互動，但是私下邀約志偉，他卻總是顯得興致缺缺。老張更不用說了，只出席了一次飯局，之後就百般推辭，完全沒有要給宏明面子的意思。

宏明心裡很不是滋味，好像自己才為業務部做了些什麼，大家又因為他是主管而刻意與他生疏了。

BOSS看著宏明若有所思的模樣，忍不住開了話題。

「不是業務部的變動很成功嗎？怎麼一副被倒債的模樣？」BOSS酸了幾句，但是表情倒是很關切。

「也沒什麼，」宏明覺得自己的煩惱簡直像小孩子，「不過是覺得當了主管，似乎立場也變得微妙，想要親近親近同事也不行，同事都急著和你劃清界線啊。」宏明露出苦笑。

「會嗎？」BOSS面露不解。「起碼，你連以往不能接納的老張，也敞開心胸和他接觸了，不是嗎？ 記得我曾經告訴過你：主管要有雅量和智慧去接受每個人性格、能力的不同，接納了這些不同，才能讓團隊中每個人都願意為共同理想而付出。就這一點來說，我覺得你做得很不錯啊？」

「BOSS你提到的這個我記得，」宏明覺得有些難為情，「但是我說的是私底下和同事們的互動，以往我們還能偶爾一起去吃吃飯，現在大家都覺得我是他們的壓力啦。」

BOSS哈哈大笑：「職場本來就是這樣，尤其是主管，更得耐得住這份寂寞才行啊。」BOSS嘆了口氣，「宏明啊，主管必須公私分明，如果想要當一個好主管，就必須給團隊一點私人空間才行。」

★ 職場第22大罪狀 ★

公私不分的主管，就像是一廂情願的仰慕者。

「可是，越了解團隊，對主管來說不是越好嗎？」宏明無奈地問。

「想要了解團隊沒有錯，但不是要你去了解他們喜歡吃什麼、喜歡看什麼電影、喜歡在下班後做什麼生活娛樂；做主管要了解的是團隊的工作，不是他們什麼時候吃飯洗澡啊！」BOSS笑著搖了搖頭，「你這樣不是一個主管，根本就像是一廂情願的仰慕者。」

讓團隊保有自己的生活

如果你曾在新聞媒體的報導中看過Google公司的介紹，你應該知道，Google公司是多麼重視員工的「私人空間」，不但公司內部的裝潢美輪美奐，充滿了設計感，甚至設置了健身房、桌球室、以及十幾間的餐廳，並且鼓勵員工擁有「工作中的休閒時光。」

Google公司給予員工的不僅是讓人欽羨的福利，也是適度讓團隊有抽離工作情緒的機會，這對工作效率有益無害。Google公司的概念是：即使身處工作場合，很多時候員工仍需要空間來整理思緒和放鬆心情。近來，許多國際企業都像Google公司一樣，發現私人空間對團隊效率的幫助，像是以「玩具總動員」轟動全球的皮克斯動畫製作公司，甚至提撥出公司經費，讓每一個動畫設計師佈置專屬自己的小空間；有的人把自己的工作區域佈置成城堡，有的人則將辦公空間佈置成魔境，這種在工作時保有私人領域的風氣，已經逐漸在大型企業中風行，「員工需要個人空間」、「充足的休息是為了將工作做好」，這些在舊時代被視為荒謬不羈的論調，儼

然成為現代企業奉行的圭臬。

要知道，團隊互相了解，是職場上的理念需求。但是工作夥伴歸工作夥伴，和私人領域必然會有所切割。「帶人要帶心，這句話我們耳熟能詳，但你卻用錯誤方式在實踐這句話。」BOSS嘆了一口氣。

很多主管會誤會「帶人要帶心」這句話的意思，所以認為自己應該要融入團隊每個人的生活，非得要成為團隊中每個人的親密摯友，才能把密不可分的默契帶進團隊運作，連下班後也該和每個人形影不離。

太把團隊當朋友的主管，常會發出頻繁的飯局邀約，帶給團隊的非但不是溫馨感，反而是很大的生活壓力。或許你也常聽到一些團隊的抱怨：我的老闆好煩人，中秋連假還要約大家烤肉聚餐，好像不去就是不懂職場倫理，其實我只想待在家休息，或是和朋友聚一聚。

有些時候，主管一心想融入團隊的生活圈，但團隊卻不想和主管當朋友，礙於職場倫理又無法明講。於是，團隊就覺得主管在侵擾他們的私生活，雖然主管是出於善意，卻讓團隊有種快被溺死的感覺。

「工作壓力已經很大，卻連私生活也被主管佔據，這樣的交際圈太不健康了，完全沒有管道抒發情緒，反而會引發更多情緒問題。」BOSS微笑地看著宏明，宏明則是非常後悔提出這個傻問題。

「宏明啊，你要記住。」BOSS突然收斂起笑意，「主管是團隊在職場的大家長，不是團隊生活中的最佳密友。」

由公到私都掌有控制權，只會讓團隊無法放鬆，疲於應付主管的喜好、關心，活在應酬的倦怠感裡。因此，主管的涉入必須點到為止，團隊才能讓生活和工作有所切割。

而且，和團隊保持適當距離對主管也有好處，那就是擁有客觀的孤

獨感。我們從很多歷史故事可以看到，很多君王因為親信某一個人，最後
卻造成王朝的傾覆，原因就在他們無法以客觀思維去看待事情。

* * *

　　主管與團隊夥伴要像圓心與圓周那樣等距離相處，這樣有助於保持
管理的公平性。主管與下屬相處不能有親疏遠近之分，否則會對親近者偏
袒有加，這些心腹派的人固然可以對你忠心耿耿、盡職盡責，卻也會導致
其他部屬有了被疏遠、被排擠的感覺，因為覺得自己不被關愛，對工作的
心態就會得過且過，失去工作的活力，嚴重影響到團隊的戰鬥力。

BOSS的
私房筆記

◆ 主管要有雅量和智慧去接受每個人性格、能力的不同。

◆ 接納不同的人，才能讓團隊中每個人都願意為共同理想而付出。

◆ 主管必須公私分明，給團隊一點私人空間。

◆ 把團隊當朋友的主管，帶給團隊的非但不是溫馨感，反而是很大
　 的壓力。

◆ 主管是團隊在職場的大家長，不是團隊生活中的最好朋友。

◆ 主管的涉入必須點到為止，才能讓生活和工作有所切割。

5-6 不要讓職場友誼綁住你的手腳

 職場生存語錄：

你無法幫任何人負責或是選擇，只有他們自己可以。

當主管涉入太多私人的感受性，勢必代表失去了客觀的判斷力；更糟的是，主管和團隊甚至必須花費很多不必要的時間，處理彼此難分的情緒，造成不必要的工作麻煩，只因為雙方有了「友誼」的關係。

「你知道，工作中最重要的東西是什麼嗎？」BOSS挑起眉頭，「是效能！」

做一個主管，在職場講求的是效能；管理一個團隊，講求的更是效能；團隊和主管間的交情必須適可而止，否則很容易變成效能的最大殺手。

每個人都有情緒，在職場上的事應該由個人自行處理，而非交由主管來解決。如果一個人因為今天私人情緒不好，而把工作做得一團糟，主管竟然以朋友的身分體諒他說：「今天心情不好，事情做壞就算了，下次心情好再做。」如此一來，一個團隊該如何正常運作？

「再告訴你一件事，」BOSS用犀利的目光盯住宏明，「出來工作是來賺錢的，可不是拿來交朋友的！和大家維持友誼當然很好，但你不能為此影響工作！」

主管要有認知，今天你和團隊是策士和執行者的關係。主管必須將私人情緒管控好，也得要求夥伴把自我情緒收拾好。

這並非要你不近人情，而是主管必須要學會，在什麼時候應該要關上耳朵和嘴巴，什麼時候又該給予關心和協助；在必要時甚至不去聽、不去問團隊的感受，而是要求他們把事情做到最好。因為，主管如果太在意團隊的私人情緒，常常只會誤了大局，有損團隊聲譽更不利於己。

★ 職場第**23**大罪狀 ★
向部屬抱怨自己心中的不滿。

值得注意的是，主管不該為團隊的個人情緒負責，團隊更不應該當主管情緒的垃圾筒。當一個主管讓團隊知道太多內心感受，常常會讓團隊分不清公私的界線何在。

「所以，就像BOSS剛剛說的，主管最好維持一定的孤獨感，才能保持清醒囉？」宏明第一次深刻感受到，BOSS說過主管不是人幹的，真是太有道理了。

「是的，」BOSS點點頭，「雖然很無奈，但是主管很多時候並不能向團隊表明自己內心的真實感受。因為多說無益，反而可能會製造不必要的混亂。」

主管也是人，也有自己的情緒，但這份情緒只能向外或者是向上抒解，而不是往下抱怨給團隊聽。當主管把抒壓管道建立在和團隊的關係上，就犯下主管大忌，搞不好哪一天，團隊就覺得自己可以上班遲到，或是可以延遲工作進度，只因為自己和主管的交情比較好。

「主管需要將團隊視為生命般來捍衛，但不是把他們當成朋友般來對待；過多的分享所有的私人生活和情緒，日後只會導致自己在工作決策上的左右為難。」BOSS聳了聳肩，一副莫可奈何的表情。

我建議，主管應該堅守公私分明的立場，公事就是公事，私事請自己處理，把事情的邊界和區域明確地劃分出來，在寬廣的明確規範裡，讓團隊自由地發揮創意和行動，條件是不能逾矩。這種規矩並不會影響團隊默契，反而能讓團隊清楚知道自己的行為範圍，並且了解一條起碼的規則：不要把情緒帶到工作上。工作起來就單純得多，效率自然會好。

宏明露出了苦笑：「所以，BOSS現在和我分享這麼多，是因為已經不是主管嗎？」

BOSS露出俏皮的神色：「能力越大，責任越大。我在主管職待了這麼久，你什麼時候看過我愁眉苦臉向你們抱怨了？現在，也該換你嚐嚐這份滋味囉。」

* * *

身為主管就必須盡量做到公私分明、親疏有度。前通用汽車公司（General Motors）總裁艾佛瑞·史隆（Alfred P. Sloan）就堅持與員工保持適當距離；但當員工發生意外，他總是第一時間趕到醫院探望。此舉不僅博得部屬的敬重，也能激勵團體向心力。

在私人時間，主管和團隊之間可以存在友情，但在工作上，必須公私分明，一視同仁。也就是說主管與部屬之間的距離，可以視情境彈性調整，「親近」可以根據情境的不同而有不同的表現方式。例如，在茶水間，便可以放下主管身分，和夥伴聊聊家常，開開玩笑。但開會或討論工作等場合，便應該認真而嚴肅，清楚傳達主從關係，避免以朋友間嘻嘻哈哈的態度來面對正事。主管自己要謹慎拿捏好分際，公事就該公辦，才能

避免以私害公。

BOSS的 私房筆記

◆ 團隊和主管間的交情必須適可而止，否則很容易就變成效能的最大殺手。

◆ 主管必須將私人情緒收拾好，也得要求部屬把情緒收拾掉。

◆ 主管必須要學會，在何時應該要關上耳朵和嘴巴。

◆ 主管如果太在意團隊的私人情緒，常常只會誤了大局。

◆ 主管不該為團隊的情緒負責，團隊更不是主管情緒的垃圾筒。

◆ 當一個主管讓團隊知道太多內心感受，常常會讓團隊不知道公私界線何在。

◆ 主管應該堅守公私分明的立場，把事情的邊界和區域明確地劃分出來。

◆ 主管也是人，也有自己的情緒，但這份情緒只能向外或者是向上抒解，而不是往下抱怨給團隊聽。

善用引導，
不要抹殺團隊創新力

 職場生存語錄：

團隊需要的是引導而非控制，你無法也不能控制任何人。

一個主管應該要有創造性，這句話我想不會有人否定。一個團隊也應該要有創造性，這件事也不會有人否定。然而主管卻常常用錯誤的領導法，去扼殺團隊可能的創造性，並且毫不自覺。

請先問自己一個問題，主管應該要幹什麼？

一個好的主管，就是要會解決事情？

一個好的主管，就是要很能幹？

一個好的主管，就是要清楚團隊該做的每件事、如何做每件事？

一個好的主管，就是要比別人付出十倍百倍的努力？

如果你是抱著這種想法去做一個主管，很抱歉，你可能不會成為一個優秀的主管，不過你一定有機會成為一個鞠躬盡瘁並可能過勞死的「金牌好人」。

因為一個主管要協助團隊成長，不是靠解決問題，而是運用問「為什麼」來導引團隊自己找出對的解決方法。主管不要直接「告訴」底下團隊答案，而是「刺激」他們自己去找出答案。請注意，是用「刺激」而不

是「告訴」。真正好的、聰明的主管會不斷提出好問題，透過這個過程，讓團隊不斷自我挖掘、突破現狀。

主管要常對著團隊詢問：為什麼？然後呢？怎麼做？千萬不要讓自己變成一本「使用說明書」，直接告訴團隊一二三、四五六。當主管慣性地把一切答案都告訴團隊，最好最好的狀況，就是得到一個你想像中的成品或結果，但你的團隊再也不會成長，不會再給出讓你意想不到的好主意，他們的創意因為你太過明確的指導方針，早已在無形間被抹殺。

記得，一個主管要讓自己變得像「靈感」，提出的每個問題就像團隊的謬思，讓團隊領到薪水之餘，還能夠成長、啟發、開創，讓他們能在工作中不斷思索方向，創造出有別以往的好成績，甚至在團隊成員離開了公司之後，還能慶幸，曾經有過一個主管讓他學習到了怎麼去思考。

一個好的主管，不是去問你吃飽了沒，睡了沒，而是考量如何透過問題激發團隊潛力，讓他們開發自己的創造力，讓團隊在五年、十年後可以做更好的事情，擁有更好的生活品質。

另外，卓越的主管能夠讓團隊看到未來，並且願意為了早一步達到目標，而持續熱情並不間斷地往前推進。假設現在你的公司是一個只有三個人的團隊，主管必須要想：目前雖然只有三個人，但應如何發揮相當於三十個人的效能？這個意思並不是指無止盡地去壓榨團隊，而是主管必須有由高處往下看的俯視眼光，去做思維，去進行控管，這樣你才能看見底下的團隊，有哪一些可能的發展空間，而他們自己還沒發現？有哪一些運作方向可以補強？你可以透過什麼樣的問題，去讓團隊實現自己的目標？底下團隊也要清楚知道，你想到達的位置在哪裡？雖然現在待在三人小組，但你能做些什麼？我之後可變成主管嗎？我應該走過哪些路才能達到我的目標？

卓越的主管唯一，也一定要做的，是要賦予整個團隊共體共振的思維，因為一定是整個團隊往上走，公司才能越做越好！這個道理就像是划龍舟一樣，一定是所有選手一起划動，才能確定整艘船往前進。公司這艘大船的選手就是團隊，而他們的創造力、潛力、努力，正是讓公司往前奮進的力量。

想要成功就千萬不要只用主管的力量划船，主管不要直接說出解決方法，單靠自己的想法推動公司，這樣太疲累，而且事倍功半。藉著「為什麼？」「怎麼做？」「如何做？」來刺激團隊不斷創新、不斷成長，才不會讓他們的臂膀因為太過鬆懈而失去力氣，才能夠讓公司走得又快又遠。

* * *

當部屬提出「這件事該怎麼做比較好」的疑問時，主管應克制「立即給答案或指示」的衝動，可以先反問對方的意見，鼓勵員工有自己的想法，並且為自己的想法負責任，你可以提供一些有用的資訊，但一定要讓對方自己找出最佳解決方案。

多問部屬「為什麼」，一定要使用開放式問題，盡量避免提出封閉式的是非題。封閉式問題的答案一翻兩瞪眼，無法使對方用腦思考。惟有提出開放式問題，才有繼續往下探索的可能。你可以由廣泛的問題起頭，再逐步聚焦在細節上。透過引導，讓部屬逐步朝自己心中的想法去思考。多聽、多問，把解決問題的權力交給部屬，這樣團隊的創意、成長才不至於被你扼殺了。

BOSS的 私房筆記

◆ 主管要協助團隊成長，不是靠解決問題，而是運用問「為什麼」來導引團隊自己找出對的解決方法。

◆ 主管不要直接「告訴」底下團隊答案，而是要「刺激」他們自己去找出答案。

◆ 聰明的主管會不斷問出好問題，透過這個過程，讓團隊不斷自我挖掘、突破現狀。

◆ 一個主管要讓自己變得像「靈感」，提出的每個問題就像團隊的謬思。

◆ 卓越的主管能夠讓團隊看到未來，並且願意為了早一步達到目標，而持續熱情並不間斷的往前推進。

◆ 主管必須有由高處往下看的俯視眼光，去做思維，去做控管。

◆ 卓越的主管唯一，也一定要做的，是要賦予整個團隊共體共振的思維。

◆ 藉著「為什麼？」「怎麼做？」「如何做？」來刺激團隊不斷創新、不斷成長。

請拿掉管理員工的過時觀念

 職場生存語錄：

學習謀略的目的在於打破墨守成規的框架。

團隊就像是一匹馬，鞭子和糖果則是外來獎賞，主管就是騎在馬上的乘客。他當然可以選擇用鞭子或糖果去激勵底下的馬兒，但是這些責罵或是激勵，都遠比不上這匹馬是否身強體壯重要。

要馬兒身強體壯，是無法用鞭打或利誘達成的。這匹馬必須有所自覺，平時就鍛鍊自己的體力，才有辦法馱著乘客跑得更遠，如果牠平時缺乏自覺的訓練，主管打得再厲害、設立多美好的願景，牠不想跑就是不想跑、跑不動就是跑不動。

「主管要給予團隊的不是外在的賞罰，而是一個思維：那就是『自我提升的自覺』。」BOSS目不轉睛地望著宏明。

我說過，當團隊與主管看到共同的願景，他們就會與主管一起朝共同願景前進。我也曾告訴你「置入性影響力」的重要，你要在團隊心中放進一個問題，讓他們思考，怎麼做對自己和公司都好？如果你了解這兩個我曾經告訴你的道理，你就會知道，想運用糖果和鞭子去讓團隊走得更遠，是多麼可笑的一種想法！因為團隊想要前進時，是沒有人可以阻擋得住他們，重點是他們必須得「想要」，而想要這件事，你無法從外在去解決，你只能透過影響力讓他們願意這麼「想」。

「你是否聽出了管理的重點了呢？那就是讓團隊『想』這麼做。」BOSS的語調平淡，但宏明卻像是被重擊了天靈蓋，似乎有什麼新的想法在腦裡滋生。

如果要告訴你怎麼管理團隊，市面上如何「管理團隊」的書籍千千百百，裡頭提供了很多技巧，教你如何辨別團隊優劣、怎麼應對進退、怎樣處理職場關係，似乎只要照著這些技巧走，你就有辦法管得住團隊中的每一個人。

說到這裡，BOSS又掛上了招牌的冷笑，搖了搖頭。

事實是：別傻了，我們常常連自己的腦子都管不了，到底還想管理誰？只要是人都無法被管理的！除非他們願意自己管理自己。

「管理」是個舊思維，真正能夠被管理的人，只有生產線上的工作人員，因為他們從事的是一套標準流程的動作，但是在一般辦公室內絕對行不通。主管怎麼能夠「妄想」，團隊可以透過外在的控制變成毫無失誤的機器？或許透過外在的推力，就能讓團隊筆直且持續地往前運作？

「團隊是人啊！只有他們願意這麼做，管理才會有效。否則，你給予再多外在條件，他們只要沒這個心思，隨時都可以兩手一攤，不幹了！」BOSS搖了搖手指，「把管理團隊的過時觀念拿掉吧！你該想的，不是用什麼方式可以讓他們往前走，是怎麼讓團隊願意自己往前走。你一個人的力量，是推不動整個團隊的，而當他們決意往前的時候，就算你給予鞭子或糖果要他們停下來，他們還不一定會理睬你呢！」

管理並不是要主管變魔術，把團隊變成工作的「機器人」，而是要透過潛移默化的引導，讓團隊能夠成為樂於工作的「人」。

我要和你強調「人」這個字，因為這代表他們仍然會失誤，仍然會

遇到挫折，但是他們卻擁有不斷向上的可能性，因為他們願意自我提升。這一份積極的信念，才是主管應該賦予團隊的信念管理。

宏明點了點頭，現在他更加清楚了，自己不該從制度上做改變，而是要從價值觀上做引導。

BOSS看著宏明恍然大悟的表情，忍不住笑了起來：「所以，你知道現在優先該做的事情是什麼了嗎？」

「是的，」宏明微笑，「應該是先把想出來的獎金和懲罰制度立即銷毀吧？」

BOSS哈哈大笑：「孺子可教。」

* * *

成大醫院前院長林炳文：「要領導員工，而不要『管』員工。」就是說要影響你的員工，而不是管你的員工。因為沒有人喜歡被人家「管」。做主管的就是要誘發出員工內心的渴望——所以員工才會越來越有企圖心，越來越有目標與方向，也就越來越上進。你要帶著部屬往前看，讓他看到前面的機會，讓他看到未來的無限可能，他就會開始改變、開始努力工作。

BOSS的
私房筆記

◆ 威脅和利誘都只是暫時的。

◆ 主管要給予團隊的不是外在的賞罰,而是一個「自我提升的自覺」思維。

◆ 管理者該想的,不是用什麼方式可以讓團隊往前走,而是讓團隊願意自己往前走。

◆ 管理是要透過潛移默化,讓團隊能夠成為樂於工作的「人」。

◆ 只要是人都無法被管理!除非他們願意自己管理自己。

The successful leaders'
know how

精準「閱人」的策略

Work place survival collected sayings

職場生存語錄：
問題背後的問題，通常是重要關鍵，往往被忽略。

一個團隊的成功，不是單靠主管努力，底下團隊的貢獻更是不可或缺。主管在組織團隊時，就必須將團隊能否順暢運作考量進去。

學習用人之前，還得先懂得閱人。當一個主管有智慧看出什麼人才能夠符合團隊，就能夠事半功倍地替公司納入有即戰力的夥伴。

你覺得閱人很困難嗎？那麼你一定不知道，你無需熟練心理學就可以看出一個人的品格特性。但是當主管看清了團隊，就應該偶爾心軟，放鬆自己的底線嗎？錯了，**慈不掌兵，令出必行，才是身為好主管該堅守的原則**。尋找人才，主管又該抱持什麼心態，才能為團隊和公司創造最大的利益呢？那就是找一個不可取代的夥伴，而非聽命行事的隊員。

這些問題的答案，都源於主管從什麼高度去看待問題本身。

當你懂得放下心中的固執想法，將每一個團隊當成獨一無二的戰友，你就會發現，**精準閱人不過就是將人才放在適合他們的位置，這麼簡單而已**。

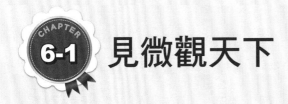

見微觀天下

✔ 職場生存語錄：

你沒有辦法納入所有賺錢的市場；然而，卻可以鎖定焦點，成為頂尖。

公司業務量大增，雖是好事，也延伸出業務部人員吃緊的問題。

由於公司前進大陸、東南亞設廠的計畫即將開跑，每個人的業務量一下子增加了許多，部門裡每個成員都大喊吃不消，常常到了晚間十一、二點，辦公室還是燈火通明。

宏明和BOSS提及，希望替業務部增聘兩名夥伴，不但能紓緩大家的工作量，也是因應市場需求，納入具備英文溝通能力的成員。BOSS倒是毫無異議，於是宏明便著手進行招聘新人的事宜。

投遞履歷的狀況比想像中踴躍。英文能力佳、擁有業務經驗的人不在少數，宏明面試了幾個優秀的求職者，似乎能力都不錯，這可讓宏明傷透了腦筋。每個人的能力、工作經驗都相仿，到底該如何取捨？這個時候，宏明真恨自己沒有BOSS的閱人功力。

當宏明在位置上抱頭苦思，突然從背後傳來聲音：「決定讓誰進公司了嗎？」宏明嚇了一大跳，今天的業務部像座空城，所有人都在外頭奔忙業務，BOSS一個人笑咪咪地站在宏明身後。

「我很期待未來的新同事。」BOSS摸了摸下巴，「這會讓我想起很久以前的自己，充滿了無限可能性。」

「事情沒這麼順利，」宏明露出苦笑，「這些人的學經歷背景都差不多，面試過後，我也拿不定哪個人選比較好。」

「你有透過提出問題，藉機觀察他們的人格特質嗎？」BOSS面露不解地看著宏明。

「當然有啊，」宏明不好意思地搔了搔頭，「只不過問歸問，總覺得他們的回答也大同小異，區分不出優劣之處。」

「這你就錯了。」BOSS順手拉了張椅子，拿起宏明面前的履歷翻了翻，「其實閱人從來不困難，要看清楚一個人，往往從無關痛癢的表象對話開始。這麼快就卡關，表示你的閱人智慧還有很大的學習空間呢！」

主管身為「人」的管理者，如何看清楚團隊，等同決定一個團隊的成敗。但什麼人可以用？評斷標準卻顯得死板。

「像是你，就卡在一個問題過不去，那就是他們的學經歷都『一樣』。」BOSS拍了拍手中的履歷。

經歷不代表能力

主管為了省事，看履歷常用一個不動腦的方式閱人：這個人的經歷如何？是不是曾經做過類似工作？似乎只要對方有過相關經驗，就一定是最佳的選擇。

「這種僵化的擇才模式，不單僅限於面試時，也常常發生在職場之中。」BOSS說著，宏明也不禁聽得入神了，人才不挑經歷豐富的，那要

挑什麼呢？

　　我和你提過奇異（GE）前執行長傑克・威爾許，他曾經稱讚過一間公司：「走在全球人才培育的尖端。」這間被傳奇經理人稱讚的公司你一定有聽過，就是近年來被視為蘋果電腦最大威脅的三星集團。在亞洲的企業裡，對人才的投資能夠與IBM、奇異抗衡的企業唯有三星集團，每年三星集團光是投資在人才培訓的經費，就高達一億美元，由此可知三星集團多麼看重「人才」這項資源。

　　神奇的是，三星集團這樣的大財團，重用的人才卻不一定是專業出身，曾有報導指出，許多獸醫系、歷史系的人也在集團內擔任經理職；而集團內坐擁高薪的軟體玩家，絕大部分更是連大學學歷都沒有，還有一些人曾有駭客的背景。

　　三星集團的高階管理人員受訪時強調，他們聘用人才的準則，要的並不是「循規蹈矩」的乖寶寶，他們並不需要墨守成規的人；相反的，他們希望底下的員工不要被大集團的制度約束，才能貢獻源源不絕的創意，這點和網路搜尋引擎的老大 —— Google的企業理念倒是不謀而合。

　　許多國際大企業，都逐漸拋開制式的選才模式，以「性格特質」、「創意」作為甄選人才的標準，但台灣企業卻往往卡在「學歷」、「資歷」、「派系」等等莫須有的堅持，將人才甄選的門檻窄化。

　　在台灣，主管從職場挑選工作負責人，但挑選的標準卻是看這個人是不是投自己所好。所以，有很多在主管眼裡的人才，往往是做事逆來順受、循規蹈矩的乖寶寶，主管交辦什麼，他們就會聽話照辦，很多主管都不挑選敢和自己拍桌子爭論的奇才，因為他們害怕自己的權威會被挑戰，也擔心影響工作效能。

　　你要說學經歷背景、聽不聽話，這些考量標準錯了嗎？我無法非常

武斷地告訴你。因為這些或多或少都是主管識人的基本門檻，可以初步篩選掉不合標準的人選；但是，如果你認為只要用這一套標準就可以找到「最佳團員」，那可就太傻、太天真了。

「還記得我曾告訴過你：『早起的鳥兒不吃蟲』這個道理嗎？」BOSS挑了挑眉，宏明點了點頭，最近宏明也常花時間觀察團隊的一舉一動。

我告訴過你，主管需要在工作之餘觀察團隊，他們的品格特質往往藏匿在生活細節中。相對的，求職者的才能也不是一張履歷表就能呈現。

或許很多人會抗辯：主管不就該在乎團隊工作的表現嗎？何必在乎他的個人特質？只要他工作做得好，這樣不就對了嗎？

「是啊BOSS，你不也說過，不要太涉入團隊的私人生活嗎？」宏明發問。

「你不用涉入他們的生活，也能觀察他們的人格特質。」BOSS幽幽地回道，「就像我，即使不常和你們出去聚餐吃飯，也能在公司中透過閒談、觀察，了解你們的個性。許多主管，正是抱持著：團隊只要工作表現優異，其他一切無需關心的態度，才會犯下識人不明的錯誤。」

要知道，一個人的工作表現好，並不代表他的品格高尚，也許他會替團隊帶來短暫績效，但卻和同事搞分裂、挪用公基金、敗壞公司名譽等等，長期來看，團隊的損失絕對高於獲益。

還有一種可能：這個人的工作能力一級棒，卻和團隊的工作模式格格不入。例如：這個人的個性正經八百，沒有幽默感、也沒有創意，只懂得一板一眼地將交辦的事情做好。這樣的人就算工作效率再強，也只能執行事務性工作，如果要他加入創意團隊，只不過是拖累其他人罷了。

　　你必須有個正確的心態，團隊成員並沒有「優劣」差異。同樣的一個人，把他放到A環境他可以表現得很優異，但是放到B環境中就變得綁手綁腳，這樣的差異不是透過一個人的「學歷」就能看得出來，主管必須以「人性」的角度去理解對方，才有辦法分辨出這個人才的特質是否適合團隊。

　　「這個世界上沒有人是萬能的，就連主管本身也有許許多多毛病，因此主管閱人，第一步當然得看他的基本能力，當他的基本能力達標後，就必須挖掘他的特質，再仔細思考這個人適不適合團隊。」BOSS一邊說著，一邊翻著手中的履歷，宏明則陷入了思索。

　　主管的閱歷是不是夠豐富，對人性的體悟是不是夠透徹，都會影響閱人能力。很多人會被一句老話誤導：患難見真情，日久見人心；莫非主管得要等時間久了，或是遇到重大變故，再去挑選適合團隊的隊員嗎？

＊ ＊ ＊

關於識別人才的觀察重點，請參考以下數點：

1. 有沒有雄心壯志？沒有強烈想要成功的企圖心的人，就會在消極被動中錯失良機。

2. 人際關係如何？特別是那些常有人求助的員工，往往是能力高的人，而且至少可以看出他的一言一行是被同事所尊重的。

3. 是否具有號召力？能帶動其他員工，提高大家積極性，可以顯示一個人的管理能力。

4. 決斷能力如何？一個善於分析，立即做出決定並投入工作的人，其工作效率肯定超乎常人。

5. 解決問題的能力如何？那些一碰到困難就手足無措的人，永遠成不了大事。

6. 有沒有優秀的工作能力？一個真正能進步的人，不僅能更快完成份內的工作，更能不斷學習與創新，也能在額外任務中求得進步。

7. 能否勇於負責？真正的人才，不僅有對本職工作認真負責的態度，而且勇於承擔責任，絕不會推卸責任和過失。

BOSS的

私房筆記

◆ 當一個主管有智慧看出什麼人才能夠符合團隊，就能夠事半功倍地替公司納入有即戰力的夥伴。

◆ 精準閱人不過就是將人才放在適合他們的位置，這麼簡單而已。

◆ 主管必須以「人性」的角度去理解對方，才有辦法分辨出這個人才的特質是否適合團隊。

◆ 主管身為「人」的管理者，如何看清楚團隊，等同決定一個團隊的成敗。

6-2 不經意的反應最真實

 職場生存語錄：
我們有責任與義務讓自己成為一個真正成熟的個體。

人性很微妙，它會藉由很多蛛絲馬跡洩露出來，只要由一個人的行為舉止、言談內容、家庭背景、工作經歷，甚至是生活細節，由這些資訊交叉分析，就能看出對方的人格特質。

BOSS放下手中的履歷，端坐在椅子上：「讓我舉個過去的例子給你聽聽，你或許就更加理解閱人的訣竅。」

我還在別的公司工作時，曾遇過一個主管，他很奇妙，常會在團隊下班後拉開他們的抽屜看看。不要誤會，他並沒有翻動裡頭的私人物品，只是看一下每個人的抽屜裡是什麼狀況。

有一些人的抽屜空空如也，沒有任何私人物品；有一些人的抽屜則是放了亂七八糟的垃圾；還有一些人的抽屜井然有序，不但放了工作資料，也收納了自己平常需要用到的私人物品。

我問那位主管為什麼這麼做？他一副未卜先知的模樣告訴我——那些抽屜空空如也的人，往往沒有打算在公司久待，因為搬家太麻煩，自然抽屜不放任何東西。抽屜亂七八糟的人，做事往往沒有條理；至於抽屜整齊又放了私人物品的人，不但做事有條理，更做好了要和公司一起長期奮

鬥的心理準備。果不其然，這些人才的特質都被主管料中了，當下我才了解，一個人的性格和思想，真的會在不自覺中延伸到生活細節裡。

「同理可證，用言行去辨別一個人可不可信，就更不用說了。你可以從詢問對方與家人的關係如何，去思索他對於長期性的責任是如何看待；你也可以從他的消費習慣去探究出一個人對金錢的看法。你甚至可以從一個人對於自己，有無規劃三年、五年的計畫性目標，去研判這個人企圖心的強弱。」BOSS看著宏明驚訝的表情，露出惡作劇的微笑。

試想看看，今天你的主管如果遇到小事就推諉卸責，他的團隊成員一定會開始擔心，因為連一件小事都扛不起的主管，若是出了大事就只會拿底下的人當替死鬼。相對的，一個夥伴如果處理小事就漫不經心，你也不用期望他是能夠委以重任，這都是環環相扣，騙不了人的。識人其實就是從這些細節著手，主管並不需要讀心術。

有的人細心，有的人熱情奉獻，有的人律己甚嚴，這些人格特質有好有壞，主管應該視團隊的專才決定他們的任務。一個主管不要總是抱怨部屬不才，卻不知成員裡通常臥虎藏龍；所謂的人才，不過就是將對的人放在對的位子罷了，就看主管有沒有慧眼看到他們的特質，將他們放在正確的位置上。

BOSS說完，將履歷遞到宏明的手中：「怎麼樣，有比較清楚該如何挑選人才了吧？」

宏明沉默了一會，微笑道：「我的心中有個底了。」

BOSS讚許地點點頭：「很好，這表示你在面談時除了提問，還是有認真傾聽的。」

BOSS的
私房筆記

◆ 由一個人的行為舉止、言談內容、家庭背景、工作經歷，甚至是生活細節，由這些資訊交叉分析，就能看出對方的人格特質。

◆ 一個人的性格和思想，會在不自覺中延伸到生活細節裡。

◆ 你的辦公桌抽屜是井然有序？還是空無一物？

◆ 一個人的成就如何，和他的生存方式有很大的關連。

◆ 所謂的人才，就是把對的人，放在對的位置。

◆ 主管應該視團隊每人的專才而委派任務。

慈不掌兵，令出必行

職場生存語錄：
有智慧的暴君是「能者」。

審慎思考後，宏明決定先聘雇一位男同事，蔡家豪。

家豪不但學經歷良好，談吐也讓宏明印象深刻，更重要的，家豪身上透露著一種能吃苦耐勞的感覺，這項特質非常符合業務部的現狀。

家豪進公司第一天，宏明親自和他說明了一些規則，像是業績獎金、工作內容、團隊守則等等，雖然面試時就提過，但宏明可不希望雙方有什麼誤解。

業務部的高壓確實把家豪嚇到了，人手不足之下累積的工作量，讓家豪第一天上班就和團隊留到了半夜。宏明還在擔心家豪的適應狀況，果不其然，沒過幾天就發現了問題。

由於長期壓力使然，辦公室所有人難免帶點疲態，只不過家豪精神狀況實在太差，交辦的事情處理太慢，而且交出的報表內容一塌糊塗。

宏明也自我反省，是不是交辦工作太繁重了，可是偏偏在討論時，宏明訂下的期限家豪都是一口允諾。為此，宏明甚至把家豪拉到一旁嚴正聲明：「雖然我知道你們很辛苦，但面對客戶，承諾的事情一定要做到，基本的水準也要維持，否則我會做出懲處。」

話說完沒幾天，家豪又壓線交出了報告，而且內容仍然糟糕透頂。

原本宏明已有一腔怒火待發洩，但抬起頭來，卻看到家豪一臉誠惶誠恐，心頭一軟，也只好嘆了口氣：「唉，先這樣吧，你回去繼續工作。」

宏明有點氣惱自己的婦人之仁，怎麼就是狠不下心？可是，家豪是一個新人還在適應階段，或許應該多給他一些彈性？但是，給予部屬犯錯空間也得有限度，光是家豪就讓他煩惱不完，自己該怎麼帶領其他人呢？

宏明突然想起，BOSS曾經因為志偉沒在時效內處理完客戶的案子，在會議室大發雷霆，甚至記了志偉一支申誡。現在想想，BOSS說出口的獎懲從不手軟，無一例外。不過，畢竟現在是業務部最艱困的時期，能和過去相提並論嗎？。宏明思考了一陣，決定詢問BOSS意見。

BOSS手中拿了本書，這回不是旅遊介紹，而是一本厚厚的三國演義。BOSS的閱讀取向，真是廣泛到令宏明無法想像。

聽完了宏明的狀況，BOSS口中發出嘖嘖的聲音，把手中的三國演義往前翻了幾章：「宏明啊，你有讀過三國演義嗎？」

「這個……」宏明面露為難之色，「書是沒看過，但電影、電視多少有印象。」

「年輕人要多看點書，你遇到的問題，都有千百年來的智慧替你解答呢。」BOSS面露微笑，敲了敲他剛翻開的頁面，「正巧，我才讀到裡頭的一段劇情，可以解答你剛剛的疑惑。」

講到管理的智慧，許多人都會提到「三國演義」，因為裡頭有許多經典案例，其中一段就是「諸葛亮揮淚斬馬謖」。

「聽過這則故事嗎？」BOSS問。

「呃，不太清楚。」宏明搔了搔頭，上次看書也不知是多久前的事了，更何況是這種年代久遠的中國古書。

「那你就聽我講講古吧。」戴著老花眼鏡，宏明心想BOSS若是生在古代，或許真的適合當個茶館裡的說書人，想必是高朋滿座。

軟弱的仁慈是滅亡的催化劑

故事，是發生在魏蜀吳三分天下之後。當時劉備已經過世，諸葛亮為了完成劉備一統漢室的遺願，決意揮軍北伐，「街亭」坐擁地勢之利，正是諸葛亮北伐進攻的一大據點。

此時，街亭由蜀軍佔領，由於它的地理位置特殊，自然也是敵軍覬覦的軍事重鎮。當時，兩軍處於即將交鋒的緊張狀態，諸葛亮卻因另有要事，無法坐鎮街亭。眼見敵軍就要來襲，諸葛亮又深明街亭的重要性，只得囑咐當時的統領——馬謖；甚至親授戰略戰術，要馬謖務必守住街亭，萬萬不可掉以輕心。

馬謖出於名門，為諸葛亮的一大愛將，他是個自幼熟讀兵書、但缺少實戰經驗的將領。馬謖自幼心高氣傲，現場看了看狀況，覺得不用遵照諸葛亮的指示，以自己的想法佈署陣營即可。沒有想到，因為自己的自視甚高，原本十拿九穩的防守戰竟然落敗，讓蜀軍痛失街亭要地。

街亭一役損失慘重，失了重要據點，蜀軍的北伐大計化為泡影。當馬謖戰敗而歸，諸葛亮毫不猶豫下令斬首。當劊子手提著馬謖首級來到諸葛亮面前，諸葛亮這才忍不住痛哭失聲，讓在場所有人為之動容。

說到這裡，BOSS摘下老花眼鏡擦了擦：「這一則故事中最為人稱

道，莫過於諸葛亮雖有愛才之心，但卻『令出必行』。一旦違反軍令，即便是愛將一樣照殺不誤。」

許多主管沒有諸葛亮的魄力，他們常犯下慈悲為懷的毛病，對於說出口的承諾無法力行。

一開始主管只是想恫嚇團隊，一旦到了諾言必須實踐的時候，主管卻給自己很多理由：團隊也很認真工作、發生這種事情誰也不願意、下一次再努力就可以了。看著團隊委屈受苦的表情，很多主管都會硬生生地把組織規則、獎懲約定全都吞進了肚子，只為了不想讓自己顯得不盡人情。說穿了，這也是我之前和你提過，許多人太害怕當一個壞人，希望能夠在團隊心中是個好人主管的形象，也就不願讓懲處的尷尬場面發生。

宏明忍不住插了話：「只不過，這次的情況並不是我想當好人，而是我覺得狀況比較特殊啊？」

BOSS比了個「我了解」的手勢，繼續說下去。

「或許你心中會有點納悶，難道一個主管體貼下屬錯了嗎？不也很多人說，規則是人訂的，如果不能適時調整，不就完全不符合現實狀況，而且也太沒人性了？」

「你想要問的是這個吧？」BOSS往椅背一靠，宏明點了點頭。

別讓愛才變成礙才

這個問題的答案，就必須回到一開始，主管和團隊的溝通是不是清楚明白？清楚了以後，主管就會知道如何拿捏分寸。

舉例來說，主管交辦一項臨時的工作給團隊，要求對方得在時限之

內完成，可是團隊也很為難，因為他們手上有很多無法排開的工作得進行。這種情況很兩難，因為主管也不願意臨時排定工作，而是情勢所逼；團隊成員分身乏術也不是他們的錯，因為該做的事樣樣不能少。

所以，一開始主管就要問：這個時間有沒有困難？若是團隊糊裡糊塗地回答：沒有問題。那麼時間一到，團隊沒有如期完成，主管理所當然就應該施予懲處，因為這個協議，是你和團隊共同達成的，主管無論如何得讓你的成員知道：自己的言詞有公信力，團隊的承諾也應該具備信用。

不過，如果是換一個狀況：主管詢問團隊這個時間有沒有困難？團隊馬上露出為難的表情，據實以告，主管的處理方式就得另當別論。因為雙方都已經明確表達立場，就算之後進度延遲，主管才有給予團隊「彈性空間」的憑據。

有句話說「慈不掌兵、令出必行」，這句話的意思，並不是要主管泯滅人性，用盡所有方式壓榨團隊，或是當一個死守規矩的老古板；而是要提醒主管，大家必須對公開訊息表現出尊重。

今天，你說出口的承諾大家都聽在耳裡，卻因故無法履行，不管你的本意是體貼團隊的辛勞，或是你覺得隨口說說不必當真，不論理由是什麼，團隊成員都會在心中對組織的秩序打上一個問號。他們會產生疑惑，主管所說的話什麼時候會有彈性空間，什麼時候必須嚴格執行？

當界線模糊的時候，下屬們就會抱持著「賭博」的心態，去看待主管交辦的每一件事。他們不會對每件工作全力以赴，因為他們知道，裡面總有幾件事情允許出現瑕疵，因為主管會出爾反爾。

「我非常建議你可以看看『三國演義』這本書。」BOSS拍了拍桌上厚厚一本的書籍，宏明頓時覺得頭痛了起來。

　　「別嫌麻煩，」BOSS像是猜透宏明的心思，哈哈大笑了起來，「你可曾想過，為什麼『三國演義』最常被拿來隱喻職場管理？正因為裡頭蘊藏了豐富的用人智慧。有時候你以為自己是惜才愛才，所以手下留情；殊不知自以為是的手下留情，往往變成團隊衝破極限的擋路石。」

　　職場如戰場；操兵打仗攸關兩軍成敗，職場運作關係到利益得失，稍有不慎，都會傷害到自己之外的千千百百人。因此，一個將領操兵打仗，是絕對不允許底下士兵把軍令當兒戲，而一個主管，也絕對不該讓團隊覺得，自己與主管的承諾是可以開玩笑或不遵守的。

　　我很清楚，主管難免會有惻隱之心，但是這種善良只能拿來關懷團隊，卻不能拿來領導團隊。你可以關心團隊的工作狀況，但不能因而把劃出的界線一手抹平，這樣不是等著讓團隊造反，讓組織運作停滯不前嗎？

　　「嗯……」宏明咬牙切齒地思考了起來，或許，自己的婦人之仁，確實讓團隊覺得持續犯下相同的錯誤也沒有關係。這麼一想，自己的怯弱和好意反而誤了團隊成員們的成長發展。

　　「宏明啊，身為主管，是需要把個人感受置身度外的。今日失信，往往是明日他人因循苟且的理由。」BOSS以過來人的身分講出這番話，語音中帶著感嘆。

　　身為團隊的主管，應該確立賞罰分明、言出必諾的形象，這樣子才能讓團隊相信：你所說的一切都是玩真的！知道你是一個有慈悲心腸的好主管，必要時你也會祭出霹靂手段而毫不心軟。

　　「好吧。」宏明面露篤定的神色，「那麼，我也該學學諸葛亮整肅軍紀了。」

＊ ＊ ＊

　　當員工犯了規，或是員工的某些工作行為需要糾正，無論你多麼欣賞某個部屬，或多麼同情某個部屬的處境，該出手處理的時候，就必須拿出鐵腕，姑息或鬆懈的態度也等於是鼓勵員工犯錯。一定要獎罰分明——表現好的時候要即時鼓勵，犯了錯時也不能輕描淡寫地帶過。否則，拖延或偏袒，都會嚴重損害你的威信。

BOSS的
私房筆記

◆ 令出必行，軟弱的仁慈是滅亡的催化劑。

◆ 當界線模糊的時候，團隊就會抱持著「賭博」的心態去看待主管承諾的每一件事。

◆ 職場如戰場，將領操兵打仗，絕對不允許底下士兵把軍令當兒戲，一再以身試法。

◆ 身為主管需要把個人感受置身度外。

◆ 今日失信，往往是明日他人因循苟且的理由。

◆ 主管應該確立賞罰分明、言出必諾的形象。

6-4 企業不再需要工作員工

 職場生存語錄：

團隊品格是影響一家公司能否長遠經營的重要因素。

　　家豪雖然犯了錯，畢竟還是個新人，宏明思考之後也沒做出嚴重懲處。只不過要家豪交上一份報告書。報告的內容也很簡單，宏明要求家豪寫下到目前為止對公司的感覺，以及工作執行上遇到的困難。藉這個機會，宏明剛好可以了解一個新進人員對團隊運作的看法。

　　家豪是個二十七、八歲的年輕人，交上報告時，臉上還有點不好意思，像是做錯事的小孩被父母捉到。宏明非常仔細地閱讀報告，裡頭除了家豪為狀況不佳道歉外，最讓宏明驚訝的，是家豪很精確地指出不少制度相互矛盾的問題。

　　例如：部門之間的業務轉移缺乏效率，導致後段處理的時間被壓縮；或者是由於先前人手不足，所以某些業務經過多人轉手，裡頭存在很多錯誤，到了自己手上需要時間調整，但卻始終抽不出時間。家豪在報告書中提到，一時無法跟上工作進度非常抱歉，不過如果團隊運作上某些部分可以進行細部調整與改善，相信對運作的順暢度會更好。

　　讀完報告書，宏明的感受有點複雜。一部分是家豪說得沒錯，有些問題源於團隊的舊習，但是被指正了這麼多地方，心裡難免不是滋味。

坐在BOSS辦公室的老位置，宏明一臉悶悶不樂，下午還有一場面試，原本他想先諮詢BOSS的意見，現在只是意興闌珊地翻了翻履歷。

BOSS倒是老神在在，繼續泡著從家裡帶來的頂級好茶。

「BOSS，如果團隊對執行制度有意見，應該怎樣處理最好？」宏明沒頭沒腦地問了一句話，突然打破了沉默。

BOSS想都沒想就回答：「如果說的有道理，就虛心接受並且改進啊。」BOSS的口氣，好像這件事就像泡一杯茶那麼簡單。

宏明嘆了一口氣，BOSS正把茶杯推到他面前：「喝杯茶，再談談你的問題。」

宏明一五一十地稟報，BOSS聽完面露不解：「如果你覺得家豪說得沒有錯，又有什麼好遲疑的呢，改善現狀不就得了？」

宏明沉吟了一會：「或許，是因為我不太習慣同仁和我抱怨工作執行的問題吧？畢竟我只算是個實習主管，還是希望團隊每個人能聽話辦事，我比較好處理。」宏明據實以告。

BOSS露出淡淡的笑意：「雖然這個想法不太健康，但起碼挺誠實的。只不過，你會這麼想，正是因為你把你的團隊當成領薪水的員工！」

宏明被BOSS的一席話搞糊塗了：「我不明白，把團隊當成領薪水的員工錯了嗎，那麼，一個公司需要什麼樣的員工呢？」

★ 職場第 **24** 大罪狀 ★
把團隊當成聽話的辦事人員。

「在回答你之前，」BOSS露出狡黠的笑容，要宏明稍安勿躁，「我必須告訴你，這個問題可是犯了職場重罪：主管需要的不只是工作團隊，而是能和主管商議大計的夥伴。」

當BOSS提到「夥伴」兩個字時，清澈的眼神就像二十來歲的年輕人，那是充滿希望和幹勁的一雙眼睛。

近年來，我一直深深思考這個問題，世界局勢在變，公司組織的運作也不斷變動，現在已經沒有什麼「主管說一，團隊不敢說二」的道理了，只要能力夠強，主管甚至應該抱著求知的心態向夥伴學習。

「我平常對你們或許嚴厲，但是，我打從心裡覺得，你們每個人身上都有我值得學習的地方。不分世代、年紀、階級，我們都可以教學相長，既然如此，我們的地位就應該是平等的，何來上司與下屬之說？我們應該是夥伴。」BOSS臉上帶著欣賞的微笑，「不管你信不信，我是真的這麼想。」

雖然職場倫理仍然存在，你們仍尊稱我為主管，但這並不代表我們必須要被這些稱謂限制住彼此學習的動力。每個主管都必須抱持開明的心態：主管並非永遠都是對的，有些時候成員甚至懂得比你還多。當你能夠把心中那份劃地自限的尊嚴拿下，你會更加懂得去傾聽團隊，並且從中發現他們的優點，以及擁有開闊的視野去覓得讓彼此成功的方式。

股神巴菲特，對於管理自有一套見解，就是對「團隊」以及「合作夥伴」的絕對尊重。併購公司對巴菲特來說是家常便飯，以巴菲特的地位，掌控被併購公司的人事去留權並非難事，然而，巴菲特卻始終能在市

場上維持良好名聲，原因就在他不涉入這些公司的人事管理；他既不會要求撤換管理階層來宣示主權，反而讓原有公司的管理團隊自行運作，他甚至給予對方最大的調度自由，絕不三不五時下達改弦易轍的經營方針。

巴菲特的處事方式除了歸功於他的器量外，他也坦白地和大家分享原因：當初選擇併購公司，正是因為該企業在經營上非常卓越，既然如此，他何必將自己的管理模式強加之上，剝奪經營管理良好的團隊自由發揮的空間？

巴菲特不以自視甚高的角度去俯看被合併的公司，卻以策略合作的水平視角，去接納每一個管理團隊的優點。正因為巴菲特這項傑出的特質，讓他在合併公司時異常順利，因為這些公司並不會有被踩在腳底下的感覺，反而與巴菲特有平起平坐的協議空間，這些公司給予巴菲特很多寶貴意見，因為巴菲特先把他們當成值得尊重的「合作夥伴」而不是一群被買下的辦事員工。

「所以，如果你把家豪當成雇用的『員工』，你會覺得他無足輕重，給的意見只是白目的表現；若是你把家豪當成『夥伴』，你看待報告的視角就會轉變，甚至懂得珍惜他的意見。你也不會把這些意見當成批評跟傷害，而會把它當成團隊進步的動力。」BOSS輕描淡寫的一段話，卻把宏明打醒——問題不在家豪寫了什麼，而是你以什麼態度去看待家豪所指出的問題。

「當我願意主動把團隊當成夥伴，他們的每一個意見都能讓團隊成長；如果我把他們當成部屬，就只會覺得他們多管閒事，依然一意孤行自己的領導策略。」宏明拍了一下手，原來事情就是這麼單純。

「沒錯，你越來越像個主管了。」BOSS對宏明豎起大拇哥，「現在，你懂得用『夥伴』的概念代替『部屬』，我就能回答你剛剛的問題：

一個團隊需要什麼樣的夥伴？答案是：不可取代的協同夥伴。」

BOSS指了指宏明面前的履歷：「你曾經在網路人力銀行看過求職履歷，就會發現『不可取代』的協同夥伴不好找。」宏明點了點頭。

人才如過江之鯽，人人都大聲疾呼自己的才能，例如：我會Word、我會Excel、我會剪輯軟體，問題就在，這些技能你會，別人也會，你又有什麼地方能夠贏過別人呢？

技能只是其次，重要的是，主管必須從資訊中組織出這個人的特質，有什麼東西是網路上其他兩萬人沒有的？這才是一個人最珍貴的資產，它不但能夠協助企業在同業間鶴立雞群，也讓團隊沒辦法缺少他，再也沒有第二個人能夠像他一樣，為公司為團隊貢獻出獨一無二的產能。

厲害的主管，會在人才之中看到不可取代的特質，看出這個人能替企業帶來什麼樣不可多得的利益。主管在組織團隊時，必須把視野拉高到企業的高度，一個企業會希望一個擁有多元特質的團隊進入公司，但是這些特質網路上有兩萬個人擁有嗎？當然不是。

「你需要替公司尋找的，不是隨時可以被取代的工作員工，不是一個辦事『正常』的員工！因為『正常』等於『平庸』，『平庸』就等於『隨時可被取代』。」BOSS眼睛一亮。

你應該也聽說過一些金牌人才，公司寧可加薪留才也不願放走他們吧？聰明的企業都會做出相同決定，因為只會聽命行事的辦事員好找，但一個優秀的合作夥伴難尋。優秀的人才是會自我提升的公司資產，這些人不是公司的員工，而是公司的最佳合作對象。

當主管看清了企業需求，就會以『合作夥伴』的角度去看待每一個求職者、去要求每一個同仁，更會試圖帶領團隊成為公司不可取代的「金

牌部門」。主管和團隊是共存共榮的，一個主管能夠培養團隊在公司中佔有一席之地，不但證明團隊的優秀，也奠定主管本身不可動搖的地位。

千萬不要忘記，一個自詡為「員工」的人是沒有發展前途的，因為現在的企業並不需要工作員工！員工只是領一份薪水，並不會積極為公司創造利潤。而一個公司的「合作夥伴」，則會盡全力開創未來，為自己和團隊謀求福利，他們用不著主管催逼，就會鞭策自己往前進步。

主管不但自己要有這個思維，也要影響團隊接受這個思維。「部屬」，是一種上對下的狹隘思維，是一種利益不平等的主雇關係。但是「夥伴」的概念，卻是一個水平連結的互利心態，個人可以成就團隊，團隊也可以成就個人。

全球前五大的獵人頭公司孔費（Korn／Ferry International）與英國《經濟學人》（The Economist），針對全球跨國公司的高階主管，進行了一項有趣的研究調查——請問，你覺得未來十年，對全球公司擁有最大影響力的人是誰？

這些高階主管們的回答，預示了二十一世紀的企業管理模式：有61％的人答案是「懂得領導團隊的人」，只有14％的人回答「領導者」。這個結果證明我們活在「單靠一個領導人打天下」是絕對行不通的時代，而一個金牌團隊卻能由更多不同角度，為公司帶來多元的貢獻。

「卓越的主管應該由經營企業的角度做出發，砥礪自己和團隊成員替公司開展出三方獲益的局面，這就是主管帶領團隊的至高成就。」BOSS滿面春風地做下結論，宏明突然覺得撥雲見日。

想到家豪的報告書，以及下午的面試，宏明似乎都更有信心去面對了。因為他已經知道，該怎麼樣用正確角度去觀看人才！

BOSS的
私房筆記

◆ 主管需要的不只是工作團隊，而是能和主管商議大計的夥伴。

◆ 主管應該抱著求知的心態和團隊學習。

◆ 當你能夠把心中那份劃地自限的尊嚴拿下，你會更加懂得去傾聽團隊，並且從中發現他們的優點，以開闊的視野去覓得讓彼此成功的方式。

◆ 厲害的主管，會在人才之中看到不可取代的特質，看出這個人能替企業帶來什麼樣不可取代的利益。

◆ 只會聽命行事的辦事員好找，但一個優秀的夥伴難尋。

◆ 優秀的人才是會自我提升的公司資產，這些人不是公司的員工，而是公司的最佳夥伴。

◆ 當一個主管能夠培養團隊在公司中佔有一席之地，不但證明了團隊的優秀，也奠定主管本身不可動搖的地位。

◆ 主管應該由企業的角度做出發，砥礪自己和團隊發展出三方獲益的局面。

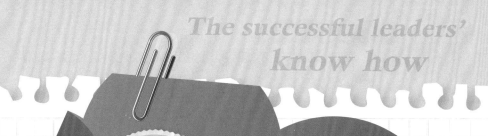
The successful leaders' know how

會心處不必在遠，
領導一念間

Work place survival collected sayings

職場生存語錄：
如果希望團隊對公司忠誠，就必須讓他們產生使命感與歸屬感。

前六章告訴你這麼多成為卓越主管的祕訣，那麼，你準備好當一個主管了？在你摩拳擦掌、決定好好表現之前，我得先問你一些問題：

你覺得主管對團隊來說是什麼呢？是團隊的靈魂人物，就像是一個樂團的主唱那樣引人注目嗎？

你覺得主管該做到怎麼樣才算是一百分呢？是熟練了我所提過的所有智慧，你就能夠變成完美的主管嗎？

我告訴過你很多成為卓越主管該注意的祕訣，但是用何種心態去使用它，決定了你是否能夠成就一個優質團隊。

這一章，會回答你還未被解答的疑惑。接下來你將了解，**一個主管不用發光發熱，也不需要完美無瑕，只要他用正確的心態期許自己，就能打造出一個發光發熱並且持續進步的優質團隊。**

7-1 當個稱職的副手

 職場生存語錄：

積極地以改變去回應改變。

聽完業務部所有人的報告，宏明滿意地點了點頭。

月例會剛結束，從上個月的業績報告來看，成績可說相當不錯。公司在大陸和東南亞的業務開發，僅僅一個多月，就有五、六家廠商表達長期合作的意願，未來的拓廠發展指日可待。

有了一定的成績，業務部總算可以喘口氣，迎接之後的種種挑戰。

看著眼前熟悉和生澀的臉孔，宏明感嘆萬千。除了老張、小劉、志偉等舊同事，加上家豪這個生力軍，另一位新進同事也在上個星期找到了。

宏明暫替主管時，做了一些制定改變。一開始團隊覺得不大適應，一個多月的時間證明，業務部比以前更加團結，也更加優秀。不但宏明開懷，就連團隊中的每個人，也都露出了神采奕奕的神情。

只不過，還是有件值得失落的事，就是BOSS不到一個星期就要離開公司了。

宏明的主管修行上手之後，許多的公司會議、部門報表的處理，BOSS就不再插手。最近，BOSS開始一箱箱地打包辦公室內的私人物品，

他堅持不用別人幫忙，一個人忙得不亦樂乎。

會後，宏明走到BOSS辦公室，發現門沒有關，BOSS正用抹布擦著書桌，整間辦公室已經被搬空得差不多了。

「BOSS，你不用特別清理，我們之後再讓人打掃就好了。」宏明急切地走進辦公室。

「我現在是沒事找事做，」BOSS擦了擦額頭上的汗，「如何？這個月的業務會議還算順利吧。」

宏明向BOSS回報了全盤狀況：「幸好有BOSS一路的幫忙，我才有辦法在短時間內帶領業務部更上一層。你走了之後，我還真不知道該如何是好？BOSS你可是業務部的靈魂人物啊。」

BOSS笑著搖了搖頭：「我不過是個過氣的糟老頭，說是靈魂人物可擔當不起。」宏明有印象以來，就覺得BOSS是個謙虛的主管，有任何功勞從不往自己身上攬。之前BOSS還再三警告過宏明，千萬別辦什麼歡送會，不過是個長輩離職了，用不著勞師動眾。

宏明對BOSS由衷感佩，不禁嘆了口氣：「BOSS，我真不知道要到什麼時候，才能像你一樣受到全公司的愛戴。」

「你可以的，宏明。」BOSS向宏明露出了鼓勵的笑容，最近的BOSS看起來越來越像隔壁鄰居的慈祥爺爺，充滿了智慧和溫暖，「只要你適時放下身為主管的表象虛榮，你就能由內而外的成為一個好主管。」

宏明莞爾一笑：「當了主管，還是不能太得意對嗎？」

BOSS表情神祕：「有什麼好得意？主管說穿了仍然是個副手而已，如果你認知不明……」宏明接著說，「就是犯了職場上的大罪。」BOSS聽了哈哈大笑。

★ 職場大 **25** 大罪狀 ★
主管是團隊與公司之間的橋樑，而非主人。

　　主管也曾經是團隊中的一員，歷經層層挑戰與戰役，最後才媳婦熬成婆。於是，你可能會想：當上主管後總算可以擺脫副手的命運了吧？可惜你錯了！主管仍然是老闆底下的副手，更讓你想不到的是，「主管甚至只是團隊的副手」。

　　我告訴過你，主管的功用不是在解決問題，而是透過提出問題引導，讓團隊自發性地找出達成目標的方式。因此，團隊才是執行的核心，主管不過是在旁穿針引線，確保團隊執行方向沒有出錯的方向盤。

　　「很多主管犯了觀念上的錯誤，以為自己才應該是萬眾矚目的明星，」BOSS苦笑道，「這種想紅想瘋了的心態，是主管對自己的位置有不切實際的期望。」宏明點點頭，他確實見過很多討人厭的高層，在公司走路有風，但他底下的成員卻是敢怒不敢言。

　　你會問，為什麼主管領導團隊有方，反而不該得到名聲呢？我的意思不是主管非得淡泊名利，而是身為主管要有一個正確的心態：團隊一定要比主管更受歡迎，因為主管是在團隊績效倍受肯定後才會獲得注意。因此，主管應該要捧紅的是團隊，而不是捧紅自己。

　　舉個簡單的例子來說，你一定知道蔡依林、周杰倫、王力宏這些人，因為他們全都是大紅大紫的明星。可是，你知道他們的經紀人叫什麼名字嗎？想必能夠答出來的人沒有幾個。

　　藝人的努力耕耘，往往需要仰賴經紀人的幕後操盤，才能透過行銷包裝讓觀眾接受。藝人能夠接到令人稱羨的商業表演，或是談成條件不錯的代言廣告，都是拜幕後經紀人的操盤高超所致。藝人的本份是做好表

演，讓自己保持水準之上；然而讓藝人受到萬眾矚目，是經紀人的真正工作。

主管就像是團隊的經紀人。統馭團隊的雖是主管，獲頒花圈的卻應該是整個團隊，這和公平不公平沒有關係，而是事情非要這麼運作才正確。主管必須將讚美的目光，無私地加冕在團隊頭上，團隊才會有努力的動能跟向心力，而團隊的表現持續贏得好成績，進而能讓主管跟著受惠。

主管不應該是團隊的紅人，團隊本身才是。當一個主管只懂得和團隊搶光環，就好比經紀人竟然比藝人本身還紅，同樣的可笑。這表示主管沒有盡到推銷團隊的責任，只顧著讓自己發光發熱，掩蓋了團隊的光芒而不自知。用不了多久，團隊會因為缺乏認同感而失去動力，主管也會因為團隊的退步而光彩漸失，到頭來雙方都得不到好處，一切問題的起點，就出在主管是否有足夠的智慧，將自己定位成團隊的副手與僕人。

身為主管必須要懂得調整心態，將個人英雄主義捨去，以協助者的角度去看待自己。如果沒有優質的團隊撐腰，再能幹的主管也不會有發光的舞台。

不要以為把自己當副手聽起來很輕鬆、很不負責任。所有人都知道，主管的功能在於向下整合團隊，卻很少人了解，主管向上整合高層的必要性。

「主管的任務之一，正是透過自己居中的巧妙位置，用不溫不火的循序功力，將團隊推銷給整個公司。」BOSS對宏明眨眨眼，「可別以為我和公司開會都在誇自己，為了推銷你們，我才真的是用盡渾身解數。」

團隊的努力，通常只有主管和團隊自己本身知道，公司上層往往是把各部門的主管作為全公司的溝通橋樑。主管就像是一個團隊的對外發言人，代表團隊形象，上司、外界對團隊的觀感，往往取決於主管表現。

　　當主管擁有自己是副手的自覺，才不會只懂得對外經營自己形象，卻將團隊的辛勞棄之一旁。他們會想盡辦法替團隊製造機會，像是一個努力替藝人爭取表演機會的經紀人，甚至能主動觀察公司欠缺的部分，督促團隊以不同的長才去補強，達成卓越的表現。

　　「不過，如果我用力過猛，難道不會踩到其它部門的地盤嗎？就算我覺得團隊可以完成這項工作，但是如果負責權限不在我們身上，奮力掙取表現機會，難道不會太刺眼了嗎？」宏明手摸著下巴，眉頭深鎖。

　　宏明發現BOSS沒了聲音，抬起頭來，才發現BOSS正認真地看著宏明。該不會是說錯話了，宏明不安地想。

　　沒想到，BOSS讚許地點了點頭：「很好，你開始懂得進一步思考我說的話，然後提出正確的問題了。」

　　如果你有注意，我剛有提到「不溫不火」這四個字。主管推銷團隊必須適可而止，因為公司有很多界線或潛規則，是主管作為團隊副手應該注意的。一不小心越了線，不但害了自己，也會讓團隊死得不明不白。

　　「我說過，要讓團隊建立自己的規則，讓他們自行發展出一套做事的規矩，你記得吧？」BOSS說。宏明點了點頭。

　　相對的，公司組織的運作，往往也會由各個部門之間的默契，建立起一套屬於公司的潛規則。

　　主管身處團隊和各部門之間的協調位置，就像是一個指揮交通的警察，讓團隊的規則自主運行，但也小心不要碰撞到跨部門的運行規則。什麼地方可以往前多踏一步，什麼時候非得小心翼翼守好本分，這都是主管必須幫團隊注意到的。因此，主管長不長心眼非常重要，當一個主管為了推銷團隊，不小心和別的部門鬧得不愉快，甚至推銷過了火而功高震主，

這些行為就算出於主管一片美意，也會替團隊帶來深遠的負面影響。

主管做為副手的智慧，是給團隊空間自由發展，卻不能讓團隊做錯事撞擊公司制度。所以，主管要以身作則，不要隨便干擾團隊自行建立的內部規則，因為那是團隊協調之後的最佳做事法。當主管對外對內，都能拿捏涉入的分寸，他就絕對是一個最好的操盤「副手」，這可是很大的恭維，因為懂得讓團隊表現，又懂得讓公司上層開心，這樣的主管才真正了解「以退為進」的大智慧。

團隊和主管是共生共榮，只要將「聚光燈非得在我」的偏執拿掉，主管就更能看清自己在舞台上的角色，雖然不是主角，卻擁有導演全局的重要性。

BOSS說著，將桌上的地球儀放進紙箱，也收拾得差不多了。BOSS比了比玻璃窗外欣欣向榮的業務部，笑著和宏明說：「現在，這間辦公室是你的了，從什麼角度看待你的團隊，這份智慧操之在你的心中。」

BOSS的
私 房 筆 記

◆ 一個主管不用發光發熱，也不需要完美無瑕，只要他用正確的心態期許自己，就能打造出一個發光發熱並且完美無瑕的團隊。

◆ 只要你適時放下頭銜帶來的虛榮，你就能成為--個好主管。

◆ 團隊才是執行核心，主管不過是在旁穿針引線，確保團隊執行方向沒有出錯。

◆ 主管應該要捧紅團隊，而不是捧紅自己。

◆ 統馭團隊的雖是主管，獲頒花圈的卻應該是整個團隊。

◆ 主管必須將讚美的目光無私地加冕在團隊頭上，團隊才會有努力的動能，持續贏得好成績讓主管跟著受惠。

◆ 主管必須要調整心態，把個人英雄主義捨去，以協助者的角度去看待自己。

◆ 如果沒有團隊，再能幹的主管也不會有舞台。

◆ 主管就像是一個團隊的對外發言人，代表團隊的形象。

◆ 當主管擁有自己是副手的自覺，才不會只懂得對外經營自己形象，卻將團隊的辛勞棄之一旁。

◆ 主管推銷團隊必須適可而止，一不小心越了線，不但害了自己，也會讓團隊死得不明不白。

◆ 團隊和主管是共生共榮，只要將「聚光燈非得在我」的偏執拿掉，主管就更能看清自己在舞台上的角色，雖然不是主角，卻擁有導演全局的重要性。

7-2 「完美」主管根本不存在

 職場生存語錄：

管理者只能經營外在表象，真正的領導者能成就企業內涵。

時光匆匆，明天就是BOSS離開公司的日子，今天晚上，宏明在夜裡翻來覆去，腦子裡卻全是過去半年來的點點滴滴。

身旁的老婆睡得很沉，在這半年來，宏明曾經一度冷落她，沒有想到，BOSS一席話反而成為他們破冰的關鍵。業務部也曾經因為派系關係，同事之間各自為政，也是BOSS教育宏明，學著讓團隊變成一個互助的體系。

這些日子以來，宏明從BOSS身上不僅學到管理的智慧，甚至連看事情的角度都變了。他開始會在面對挫折時，對每個人保持和顏悅色；在團隊遇到困難時，思考該如何引導他們解決難題；甚至也會排出時間，看一本別人推薦的好書。這一切一切，都是由BOSS身上學來的巧智慧，宏明甚至覺得，怎麼可能有BOSS這麼完美的主管，自己一輩子都不可能追趕得上。

明天上午，宏明還得先面會一個重要客戶後才進公司，但宏明已經下定決心，在BOSS離開前，要親口和他說聲謝謝。

結束了一個上午的會議，時程有點耽擱，宏明趕回公司的時候，已

經是下午三點多。幸好時間還早，宏明心裡嘀咕著。

放下手中資料，宏明走向BOSS的辦公室，卻發現裡頭空空如也，一個人也沒有。宏明走進空蕩蕩的辦公室，一下子呆住了，怎麼BOSS會走得這麼早？

這時經過門前的小劉出聲叫了他：「主管，你在找BOSS嗎？今天早上，老闆特別和BOSS說，沒事的話可以先離開公司了，算是對他的特別福利。今天中午大家還和BOSS話別了許久呢，你不在真是太可惜了。」

宏明頓時感到一陣失落，沒想到BOSS走得這麼瀟灑，但小劉似乎想到了什麼，大喊了一聲：「對了！BOSS臨走前，要我將一個資料袋交給你，等我一下。」小劉匆匆回座位拿出一個牛皮紙袋交給宏明，接著又風一陣似地出門會見客戶。

宏明拆開了紙袋，裡頭是一封信，上頭是BOSS灑脫卻漂亮的字跡，信的最上頭寫著幾個字：給業務部主管——宏明。

站在BOSS的辦公室內，宏明泛紅著眼眶立刻讀了起來。

宏明：

在這半年之內，我告訴過你這麼多當好一個主管的訣竅。像是：主管必備的特質、做事的思考方向、溝通的祕訣、面對問題的進退、剛柔之間的分寸、以及閱人的智慧。或許，你覺得看起來面面俱到了，然而，三十多年的經驗告訴我，只憑著這些訣竅，永遠也無法回答你：在遇到困難和危機時，一個主管倒底有沒有十全十美的解決方式？

管理團隊的方式實在太多了！如果你詢問每一個經驗老道的主管，或是翻開市場暢銷的管理書籍，每一個人、每一本書，都可以告訴你一套只屬於他們自己的管理法則。裡頭的體悟都很有道理，似乎我們只要不偏

不倚地照做，就可以解決所有的團隊管理問題。

然而，事實卻不是如此。

就算我舉了成千上百的職場實例，和你分析各種管理要訣，都無法協助你就此成為一個零失誤的主管。即便是我，經驗已經非常豐富，總還是會有那麼一刻，感到非常的惶恐無助；因為，我發現所有的準則都是理論，唯一解決的方式，只有憑藉自己的體悟和感覺，去坦承面對屬於自己的管理難關。

當了主管後，我發現自己根本沒辦法事事精通，也不可能完美無瑕。終於，我在最後學著放開心胸告訴自己：既然我不可能完美無瑕，起碼我能期許自己變成一個通曉人性、擁有通達智慧的主管。

記得我曾說過，主管從來無法管理任何人嗎？生活之中，我們常連自己的荷包都控制不住，過胖的體重也掌握不了，更無法阻擋自己將垂垂老矣。人生常常無可遏止的荒腔走板，充滿了不可控的變數，一個主管就算才智卓絕，經驗老道，也無法掌管每個人都活在自己的領導策略中。

既然，沒有人能夠變成一百分完美的人，又怎麼會有完美的主管？

但是，不完美的主管，卻可以打造出完美的團隊。

宏明，我在最後要教給你的就是：從來沒有完美的主管，也沒有一百分的管理方式。但是，當你願意用一百分的誠意去領導團隊，就會找到你能力所及最盡善的處理方法。這從來不是能力的問題，而是你願不願意付出這麼多。

完美的團隊並不是由完美的人才組成，而是一個主管透過思考、謀略、安排，讓每一個人的優缺點相互彌補，讓一個團隊在有機作用下變得完整。

管理之中雖然有鐵一般不可動搖的紀律，但活用管理的終究是人。正因為每個人都有不可控制的因素，所以我們才更要透過了解和溝通、思考和選擇，找出適合團隊的管理模式，並做好隨時調整的心理準備。

做一個主管，重要的不只是經驗和能力，還必須有一個開闊的心胸。當主管能夠看清人的不可固定性，並用這份開闊的心胸去接納它、運用它，就能掌握住具備彈性的團隊運作脈動，這個時候，我教給你的道理才會發揮效用。

在多年前，我曾與朋友合夥開過一間公司，專門在幫客戶做水族造景設計。

簡單的說：如果你家夠大有庭院，我就幫你設計池塘造景，假使你不喜歡麻煩，卻又想要一個獨一無二的設計，我就幫你安裝一座純手工打造的魚缸，你要什麼形狀，我都能設計的出來，絕不會和別人一樣！

這公司一開六年，當中九成五以上的客戶，完全不知道自己想要一個怎樣的魚缸，也不清楚自己的喜好如何，更不明白自己適合養什麼樣的魚，但是一定都會說一句話：我們要漂亮一點喔！

所謂的漂亮，我想定義很多吧！不是每一個人的漂亮定義都是一樣的；所以我們都會在與客戶溝通當中，為客戶判別釐清，他的喜好如何，比較適合什麼樣的擺設，宛如是幫客戶做性向分析後再來設計。還得為設計出來的造景，說出一個動人的故事，而且故事還得客戶喜歡呢！

在這一次一次的對話當中，我體悟到一些道理：如果人生像一個魚缸，你是那隨人擺設的魚和飾品，亦或是那擺設魚缸的主人？你主導你的人生臻向完美，還是習慣被人指導而迷迷糊糊？

你養過魚嗎？你知道自己的魚缸要如何去妝點嗎？

你知道自己擁有所有的控制權嗎？你知道你能決定一切嗎？

你想清楚自己的人生要什麼了嗎？

你想住什麼樣的房子，你想開什麼車，你想穿什麼樣的衣服，你想拿什麼樣的包包，你想交什麼樣的朋友，你想吃什麼食物，你想做什麼工作，這些你想過嗎？你為自己爭取過嗎？你為自己努力過嗎？

人的大腦就像是億萬位元的衛星導航，你只要清楚要到的目的地，完整清晰的做設定，就能把自己帶到目的地！你唯一要做的就是清楚自己要去哪裡！

記住：即使你這次錯過了目的地，沒關係，重新設定就好了！

別花太多的時間去緬懷錯誤，最好的方法是感激並且重來！

你擁有全宇宙最完美的衛星導航，你只要為自己設下目的地，你就能到達！最重要的是：知道自己要去哪裡！

不知你是否有過這樣的思考：那些卓越的成功人士，那些富可敵國的人，到底會了什麼是你不會的？有沒有什麼是你會，而那些富豪所不會的？假設財富成功總共有十個步驟，而這十個步驟你都會，那為何你的身價會跟他們差了十萬八千里？到底是為什麼？我想了很久很久，後來我找到答案了。這當中成就的差別來自於：執行的順序不同！

宏明，你了解了嗎？完美主管並不存在，但他卻可以做出決定，讓團隊變得完美，你無法擁有最優秀的團隊成員，但你卻你可以用屬於你的視角，去讓這個團隊發揮出最大的潛能，這才是當主管前，你應該知道的事情。

祝福你！！

一個因你而感到驕傲的老人

看完BOSS的親筆信，宏明覺得內心澎湃萬千。轉身看向辦公室內的那扇玻璃窗，BOSS在這三十年的歲月中，是用什麼樣的目光去看待業務部內的種種變化？用什麼樣的角度去看待團隊的成敗？現在，這個視野與寬度，則開始由宏明的角度去決定了。

當宏明拉上辦公室的門，他才發現門牌上已經換上「陳宏明」三個大字。現在起，他正式成為一個團隊的主管，他了解自己並不完美，但他有決心，要用智慧去領導業務部變成BOSS口中的完美團隊。

BOSS的
私房筆記

◆ 從來沒有完美的主管，也沒有一百分的管理方式。

◆ 當你願意用一百分的誠意去領導團隊，就會找到能力所及最完美的方法。

◆ 完美的團隊並不是由完美的人才組成，而是一個主管透過思考、謀略、安排，讓每一個人的優缺點相互彌補，讓一個團隊在有機作用下變得完整。

◆ 做一個主管，重要的不只是經驗和能力，還有一個開闊的心胸。

◆ 完美主管並不存在，但他卻可以做出決定，讓團隊變得完美。

表格一

月第　週工作紀錄

時間	週一	週二	週三
10:00			
11:00			
12:00			
13:00			
14:00			
15:00			
16:00			
17:00			
18:00			
19:00			
行銷			
服務			
開發電訪			
行政帳務			
電訪	約訪　　通 服務　　通	約訪　　通 服務　　通	約訪　　通 服務　　通
面談	行銷　　人 服務　　人	行銷　　人 服務　　人	行銷　　人 服務　　人
轉介紹	行銷　　人 開發　　人	行銷　　人 開發　　人	行銷　　人 服務　　人
問卷	張	張	張
週統計	服務電話共　　通	服務電話共　　通	服務電話共　　通

表格二

售後服務活動紀錄

顧客姓名：＿＿＿＿＿＿＿　　日期：＿＿＿年＿＿＿月＿＿＿日

購買項目：

月份	改進建議	跟進服務			
一月		□謝卡	□親訪	□新品發表	□其他
二月		□謝卡	□親訪	□新品發表	□其他
三月		□謝卡	□親訪	□新品發表	□其他
四月		□謝卡	□親訪	□新品發表	□其他
五月		□謝卡	□親訪	□新品發表	□其他
六月		□謝卡	□親訪	□新品發表	□其他
七月		□謝卡	□親訪	□新品發表	□其他
八月		□謝卡	□親訪	□新品發表	□其他
九月		□謝卡	□親訪	□新品發表	□其他
十月		□謝卡	□親訪	□新品發表	□其他
十一月		□謝卡	□親訪	□新品發表	□其他
十二月		□謝卡	□親訪	□新品發表	□其他
推薦名單	住址/電話	最佳拜訪問時間	接觸方式		
			□電話	□信件	□親訪
			□電話	□信件	□親訪
			□電話	□信件	□親訪

表格三

行銷前準備盤點表

日期	客戶姓名	產品功能	可解決的問題	可滿足的期望	準備文件

表格四

_____年_____月活動量分析表

	約訪數	需求面談數	促成面談數	簽約	轉介紹	開發 初步接觸
年目標						
年累計						
月目標						
月結果						

週	本月活動											
	約訪數		需求面談數		簽約面談數		續訪	售後服務	轉介紹		成功約訪	促成面談
	目標	結果	目標	結果	目標	結果			目標	結果		
第1週												
第2週												
第3週												
第4週												
第5週												
月小計												

表格五

讓愛傳出去（轉介紹名單）

日期	姓名			年齡	歲	現況	已婚未婚 子女＿＿＿人	與介紹 人關係	
	公司 電話	(O)：							
	住家 電話	(H)：	公司名稱					職級	
	手機 號碼								
編號	住址								
	家庭／ 工作背 景資料								
	介紹人		推薦原因						

表格六

客戶資料表

編號	
姓名	
電話	
任職公司 職務	
特殊資料	
家庭狀況	
個人喜好	
認識時間	
見面難易度	
備註	

表格七　個人生涯目標規劃表

	目標	今日	本週	本月	一年	三年	五年	十年
01	業績							
02	職位							
03	薪水							
04	存款							
05	旅遊							
06	買車							
07	結婚							
08	成家							
09								

國家圖書館出版品預行編目資料

爬上主管位，就要這樣準備 / 蔡嫦琪 著.
—初版. —新北市中和區：創見文化 2012.05
面 ; 公分 （成功良品；44）

ISBN 978-986-271-217-7(平裝)

1.領導者　　　2.職場成功法

494.23　　　　　　　　　　　101006508

The successful
leaders' know how.

爬上主管位，
就要這樣準備

成功良品 44

爬上主管位，就要這樣準備

出版者／創見文化
作者／蔡嫦琪
總編輯／歐綾纖
主編／蔡靜怡
美術設計／蔡瑪麗

本書採減碳印製流程
並使用優質中性紙
（Acid & Alkali Free）
最符環保需求。

郵撥帳號／50017206 采舍國際有限公司（郵撥購買，請另付一成郵資）
台灣出版中心／新北市中和區中山路2段366巷10號10樓
電話／（02）2248-7896　　　　傳真／（02）2248-7758
ISBN／978-986-271-217-7
出版日期／2016年最新版

全球華文國際市場總代理／采舍國際有限公司
地址／新北市中和區中山路2段366巷10號3樓
電話／（02）8245-8786　　　　傳真／（02）8245-8718

全系列書系特約展示
新絲路網路書店
地址／新北市中和區中山路2段366巷10號10樓
電話／（02）8245-9896
網址／www.silkbook.com

創見文化 **facebook** www.facebook.com/successbooks

本書於兩岸之行銷（營銷）活動悉由采舍國際公司圖書行銷部規畫執行。